Atlantropa

Eine Utopie, die die Welt verändert hätte.

Vorwort

Liebe Leserinnen und Leser,

Dieses Buch entführt Sie in eine faszinierende Welt der Utopie und des Ehrgeizes, in der menschliche Vorstellungskraft auf technologische Innovation trifft, und die Geschichte eine Wendung nimmt, die unsere Welt für immer verändert hätte.

Die Idee von Atlantropa mag auf den ersten Blick wie ein Produkt aus Science-Fiction-Romanen erscheinen, doch sie hatte tatsächlich ihren Ursprung in den Köpfen visionärer Denker, Ingenieure und Politiker vergangener Generationen. Es war ein Traum von einem gewaltigen menschlichen Eingriff in die Natur, der das Gesicht unserer Erde für immer verändern würde.

In den kommenden Kapiteln werden wir gemeinsam diese alternativen Realitäten erkunden, von den frühesten Anfängen der Atlantropa-Vision bis zu den komplexen sozialen, politischen und ökologischen Auswirkungen, die sie gehabt hätte.

Wir werden uns in die Gedankenwelt der Menschen vertiefen, die diesen Traum gehegt und genährt haben, und gleichzeitig kritisch hinterfragen, ob solch monumentale Eingriffe in die Natur wirklich erstrebenswert sind.

Während Sie diese Seiten durchblättern, lade ich Sie ein, sich vorzustellen, wie unsere Welt aussehen könnte, wenn Atlantropa Wirklichkeit geworden wäre. Aber denken Sie auch darüber nach, welchen Preis wir möglicherweise für solch ambitionierte Träume zahlen könnten.
In einer Zeit, in der die Menschheit vor großen globalen Herausforderungen steht, kann die Geschichte von Atlantropa uns Lehren für die Zukunft bieten.

"Atlantropa" ist eine Einladung zur Entdeckung, zur Reflexion und zum Staunen über die Grenzen der menschlichen Vorstellungskraft.

Ich hoffe, dass Sie von dieser Reise genauso fasziniert und inspiriert sein werden wie ich es war, als ich mich in dieses Thema vertiefte.

Prolog:
Ein Blick auf Atlantropa und die Geplanten Dämme

In den Annalen der menschlichen Vorstellungskraft gibt es Geschichten, die nicht in den Geschichtsbüchern verzeichnet sind, aber dennoch unsere Gedanken und Träume beeinflussen. Eine solche Geschichte ist die von Atlantropa, einer utopischen Vision, die nie Wirklichkeit wurde, aber dennoch einen Einfluss auf unsere Vorstellungskraft ausübt.

Atlantropa: Ein faszinierendes Gedankenspiel, das die Kontinente verband und eine neue Welt schuf. Ein zentrales Element dieses visionären Projekts waren die geplanten Dämme, die das Mittelmeer in mehrere Bereiche unterteilen und neue Landflächen schaffen sollten. Diese Dämme hätten nicht nur die Küstenlinien neu definiert, sondern auch das menschliche Potenzial für Ingenieurskunst und sozialen Fortschritt verdeutlicht.

Stellen Sie sich vor, gigantische Dämme würden das Meer durchziehen, von Gibraltar bis zum Süden Italiens und von Nordafrika bis Kreta. Diese monumentalen Bauwerke sollten nicht nur die Landschaft neu gestalten, sondern auch die politischen, wirtschaftlichen und sozialen Strukturen auf eine Weise verändern, die nur in den kühnsten Vorstellungen möglich schien.

Während Atlantropa nie das Licht der Realität erblickte, laden uns diese Gedanken zu einem Moment der Reflexion ein. Sie erinnern uns daran, wie menschliche Träume und Ideen die Grenzen der Zeit und des Raums überwinden können. Die Geschichte von Atlantropa ist ein Beweis dafür, dass unsere Vorstellungskraft die Macht hat, Welten zu schaffen, die niemals existiert haben - und doch Spuren in unseren Köpfen und Herzen hinterlassen.

Kapitel

Teil I: Visionen und Vorbereitungen

Kapitel 1: Ein faszinierender Traum

In diesem einleitenden Kapitel beschreiben Sie die Ursprünge der Vision von Atlantropa, beginnend mit den ersten Gedanken und Ideen, die zu diesem utopischen Konzept führten. Sie könnten auf die historischen, wirtschaftlichen und politischen Umstände eingehen, die die Entstehung dieser Idee beeinflusst haben.

Kapitel 2: Die Köpfe hinter Atlantropa

Hier stellen Sie die Visionäre, Ingenieure und Intellektuellen vor, die maßgeblich an der Entwicklung von Atlantropa beteiligt waren. Sie beleuchten ihre Motivationen, Hintergründe und die Zusammenarbeit zwischen ihnen, die zur Konkretisierung dieses außergewöhnlichen Projekts führte.

Kapitel 3: Die geopolitischen Herausforderungen

Dieses Kapitel widmet sich den politischen und diplomatischen Herausforderungen, die mit der Idee von Atlantropa einhergingen. Sie könnten die Reaktionen anderer Länder, internationale Spannungen und mögliche Veränderungen im Machtgefüge auf globaler Ebene beleuchten.

Teil II: Der Große Eingriff

Kapitel 4: Das gigantische Ingenieurprojekt beginnt

Hier beschreiben Sie den Start des tatsächlichen Bauprojekts von Atlantropa. Sie erläutern die technologischen Herausforderungen, die Finanzierung und den Aufbau der Infrastruktur, die notwendig war, um dieses ehrgeizige Vorhaben in die Tat umzusetzen.

Kapitel 5: Die Bauwerke, Technologien und Herausforderungen

Dieses Kapitel widmet sich den konkreten Bauprojekten, darunter Dämme, Staudämme, Kanäle und weitere technische Meisterleistungen. Sie könnten auf die Architektur, die verwendeten Baumaterialien und die innovative Ingenieurskunst eingehen. Zudem beleuchten Sie die Herausforderungen, die während der Bauphase bewältigt werden mussten.

Teil III: Eine Welt im Wandel

Kapitel 6: Die sozialen Auswirkungen von Atlantropa

Hier analysieren Sie, wie Atlantropa das soziale Gefüge der betroffenen Regionen verändert hat. Sie könnten auf die Zuwanderung, die Entstehung neuer Städte und die Verschiebung von Bevölkerungsgruppen eingehen. Auch soziale Strömungen, Bildungssysteme und Arbeitsmöglichkeiten könnten thematisiert werden.

Kapitel 7: Kultureller Austausch und Identitätsverschiebungen

Dieses Kapitel beschäftigt sich mit den kulturellen Veränderungen, die durch die Zusammenführung verschiedener Gesellschaften und Nationen innerhalb Atlantropas entstanden sind. Sie könnten auf die Entstehung neuer kultureller Strömungen, die Vermischung von Traditionen und den kreativen Austausch eingehen.

Kapitel 8: Ökologische Folgen und Klimaauswirkungen

Hier analysieren Sie die ökologischen Auswirkungen von Atlantropa auf die umliegende Umwelt, die Meeresökologie und das Klima. Sie könnten auf die positiven und negativen Folgen für Flora, Fauna und das Gleichgewicht der Natur eingehen.

Teil IV: Utopie oder Dystopie?

Kapitel 9: Wohlstand, Fortschritt und soziale Gleichheit

In diesem Kapitel diskutieren Sie die wirtschaftlichen und sozialen Auswirkungen von Atlantropa auf die beteiligten Gesellschaften. Sie könnten auf die wirtschaftliche Prosperität, den Zugang zu Bildung und Gesundheitsversorgung sowie die Verteilung des Wohlstands eingehen.

Kapitel 10: Politische Spannungen und Konflikte

Hier beleuchten Sie die politischen Spannungen und Konflikte, die innerhalb Atlantropas und zwischen den beteiligten Nationen auftraten. Sie könnten auf territoriale Ansprüche, Rivalitäten und mögliche internationale Krisen eingehen.

Kapitel 11: Der Preis des menschlichen Eingriffs in die Natur

Dieses Kapitel behandelt die ethischen und philosophischen Aspekte von Atlantropa. Sie könnten auf die Fragen der Umweltveränderung, des technologischen Eingriffs in die Natur und der langfristigen Auswirkungen auf die Menschheit eingehen.

Teil V: Erbe und Erkenntnisse

Kapitel 12: Das Vermächtnis von Atlantropa

Hier analysieren Sie, wie Atlantropa die nachfolgenden Generationen beeinflusst hat. Sie könnten auf kulturelle, technologische und politische Erben eingehen, die bis in die heutige Zeit reichen.

Kapitel 13: Lektionen für die Zukunft der Menschheit

In diesem abschließenden Kapitel ziehen Sie Schlussfolgerungen aus der Atlantropa-Geschichte für die heutige Gesellschaft. Sie könnten auf die Bedeutung von Nachhaltigkeit, Technologieethik und internationalem Zusammenhalt hinweisen.

Epilog: Reflektionen über eine alternative Geschichte

Im Epilog könnten Sie überlegen, wie die Welt heute aussehen würde, wenn Atlantropa tatsächlich umgesetzt worden wäre, und wie dies unsere gegenwärtige Realität beeinflussen könnte.

Kapitel 1: Ein faszinierender Traum

Die Menschheit war stets von Träumen und Visionen angetrieben, von unersättlichem Forscherdrang und dem Wunsch, die Welt um sich herum zu gestalten. Doch einige Träume sind so gewaltig, dass sie nicht nur die Grenzen der Fantasie überschreiten, sondern auch das Potenzial besitzen, die tatsächliche Realität zu formen. Einer dieser Träume war Atlantropa.

Es begann in den Wirren der Zwischenkriegszeit, einer Ära geprägt von politischem Aufruhr, wirtschaftlichen Unsicherheiten und einer Suche nach neuen Wegen. Herman Sörgel, ein deutscher Architekt und Ingenieur, war einer derjenigen, die in diesen stürmischen Zeiten einen unkonventionellen Gedanken hegten: die Neugestaltung der Welt, wie wir sie kannten.

Abschnitt 1.1: Keim der Vision

Die ersten Gedanken, die zum Atlantropa-Traum führen sollten, erwachten in Sörgels Geist, als er die geopolitischen Herausforderungen der Zeit analysierte. Nach dem verheerenden Ersten Weltkrieg und dem Vertrag von Versailles sah er eine Welt, die nach einer neuen Ordnung suchte. Die Idee einer neuen Verbindung zwischen den Kontinenten Afrika und Europa begann in ihm zu reifen, angetrieben von dem Wunsch nach Frieden, Wohlstand und einem Neuanfang.

In den Nachwehen des Krieges lag Europa in Trümmern, Narben auf einer Landkarte, die einst eine blühende Kultur und Zivilisation beherbergt hatte. Die verheerenden Folgen des Konflikts hatten die Nationen geschwächt und die Menschen in Angst und Unsicherheit zurückgelassen. Der Vertrag von Versailles versuchte, eine neue Ordnung zu schaffen, aber die Herausforderungen waren überwältigend. Eine Welt, die einmal sicher erschienen war, war nun von politischem Tauziehen und wirtschaftlichen Unsicherheiten geprägt.

In dieser Ära des Wandels analysierte Herman Sörgel die Zeichen der Zeit. Als Architekt hatte er gelernt, über die bloßen Strukturen hinauszublicken und das Potenzial für Veränderungen zu erkennen. Und so fiel sein Blick auf das Mittelmeer, ein Gewässer von historischer Bedeutung, das die Kontinente trennte.

Doch Sörgel war nicht nur an den Grenzen interessiert, die das Meer schuf – er war fasziniert von der Vorstellung, was passieren könnte, wenn diese Barrieren überwunden würden.

Die Idee einer neuen Verbindung zwischen Afrika und Europa begann in Sörgels Gedanken zu reifen. Er glaubte, dass eine physische Brücke zwischen den Kontinenten nicht nur symbolisch, sondern auch praktisch einen Neuanfang darstellen könnte. Die Brücke sollte mehr sein als nur Beton und Stahl – sie sollte die Vorstellung von Frieden, Wohlstand und einer gemeinsamen Zukunft verkörpern. Der Gedanke an Atlantropa war geboren, angetrieben von Sörgels Überzeugung, dass die Menschheit in der Lage war, über die alten Konflikte hinauszuwachsen und eine neue Ära des Miteinanders zu schaffen.

In den folgenden Jahren sollten Sörgels Gedanken reifen und sich zu einer umfassenden Vision entwickeln – einer Vision, die nicht nur seine eigene Vorstellungskraft sprengte, sondern auch die Vorstellungskraft von Menschen auf der ganzen Welt. Doch der Keim dieser Idee, der Moment, in dem er die geopolitischen Herausforderungen der Zeit analysierte und die Saat einer neuen Verbindung zwischen den Kontinenten pflanzte, sollte für immer der Beginn eines außergewöhnlichen Traums bleiben.

Ein Traum, der die Macht hatte, die Grenzen der Vorstellungskraft zu sprengen und eine Welt zu erschaffen, die nie existiert hat, aber dennoch Spuren in unseren Gedanken und Herzen hinterlassen sollte.

Abschnitt 1.2: Die Früchte der Industrialisierung

Die Industrialisierung des 19. Jahrhunderts hatte die Welt in vielerlei Hinsicht verändert, und Sörgel erkannte das immense Potenzial, das in den modernen Technologien und Ingenieurskünsten steckte. Eisenbahnen durchzogen Länder, Telegrafen verbanden Kontinente, und die Menschheit schien den Himmel als einzige Grenze für ihre Errungenschaften zu sehen. Sörgel glaubte, dass diese Technologien nicht nur dazu dienen könnten, die Menschen näher zusammenzubringen, sondern auch die geografische Verteilung von Ressourcen und Einfluss zu verändern.

Die Dampfmaschine, die das Herz der Industriellen Revolution bildete, hatte die Produktion und den Handel transformiert. Fabriken schossen wie Pilze aus dem Boden, und die städtischen Landschaften veränderten sich dramatisch. Die Wirtschaft erlebte einen beispiellosen Aufschwung, der Reichtum und Wohlstand schuf, aber auch soziale und ökologische Herausforderungen mit sich brachte.

In dieser Ära des Fortschritts und des Umbruchs erkannte Sörgel, dass die Technologie die Macht hatte, die Welt zu verändern. Eisenbahnen verkürzten die Entfernungen, Telegrafen brachen Kommunikationsbarrieren nieder, und die Menschheit begann, die Erde in einem neuen Licht zu sehen. Doch während viele die Technologie als Mittel zur Bereicherung und Machtnutzung ansahen, sah Sörgel in ihr eine Chance für Zusammenarbeit und Fortschritt.

Die Idee von Atlantropa nahm in seinem Geist Gestalt an – eine Verbindung zwischen den Kontinenten, die nicht durch Macht, sondern durch gemeinsame Anstrengungen getrieben wurde. Sörgel glaubte, dass die gleichen Technologien, die die Industrialisierung vorangetrieben hatten, auch dazu verwendet werden könnten, die geografische Kluft zwischen den Ländern zu überbrücken. Die Modernität könnte dazu beitragen, die Welt näher zusammenzubringen und eine Ära des Friedens und der Prosperität einzuleiten.

So sah Sörgel die Früchte der Industrialisierung als Bausteine für seine Vision. Die modernen Technologien waren keine endgültigen Ziele, sondern Werkzeuge, die genutzt werden konnten, um eine bessere Welt zu schaffen. Die Eisenbahnen hatten Länder verbunden, und jetzt sollte Atlantropa Kontinente verbinden.

Die Telegrafen hatten Informationen über Ozeane hinweg übermittelt, und jetzt sollte Atlantropa die Menschen über diese Ozeane hinweg näher zusammenbringen.

In dieser Synthese aus Technologie und Vision glaubte Sörgel, dass die Menschheit in der Lage war, über ihre Grenzen hinauszuwachsen und eine Zukunft zu gestalten, die auf Zusammenarbeit, Innovation und einem neuen Verständnis von globaler Verbundenheit beruhte.

Die Industrialisierung war der Schlüssel, der die Türen zu einer Welt öffnete, in der Atlantropa nicht nur eine utopische Vorstellung, sondern eine greifbare Realität sein konnte.

Abschnitt 1.3: Eine Welt im Wandel

Die politische Landschaft war in Aufruhr. Das Zeitalter der Imperialismen bröckelte, neue Ideen und Ideale kamen auf. Sörgel sah die Möglichkeit, die historischen Gräben zwischen den Nationen zu überwinden und eine neue Ära des Friedens und der Zusammenarbeit einzuläuten. Er träumte von einer Welt, in der die Menschheit ihre Differenzen überwinden und gemeinsam an einer außergewöhnlichen Aufgabe arbeiten würde – der Erschaffung einer neuen Verbindung zwischen Europa und Afrika.

Die politische Bühne war von Spannungen und Konflikten geprägt. Nationen, die einst imperialistische Ambitionen verfolgt hatten, sahen sich nun einer veränderten Realität gegenüber. Neue Ideen von nationaler Selbstbestimmung, Freiheit und Zusammenarbeit fanden Gehör. Sörgel war ein aufmerksamer Beobachter dieser Veränderungen und sah die Gelegenheit, eine tiefergreifende Veränderung zu bewirken.

Seine Vision von Atlantropa sollte nicht nur geografische Barrieren überwinden, sondern auch die politischen Barrieren, die die Welt getrennt hatten. Sörgel glaubte, dass die Menschheit an einem Scheideweg stand – die Wahl zwischen einer Zukunft des Konflikts oder einer Zukunft des Fortschritts und der Zusammenarbeit. Und er war fest entschlossen, seinen Beitrag zu einer besseren Zukunft zu leisten.

In einer Zeit, in der die Welt nach neuen Wegen suchte, um mit den Schrecken des Krieges und der Spaltung umzugehen, bot Sörgel eine Vision von Einheit und Harmonie an. Die Idee einer neuen Verbindung zwischen Europa und Afrika sollte nicht nur eine physische Brücke sein, sondern auch eine symbolische – eine Brücke des Verstehens, des Austauschs und der gemeinsamen Anstrengung.

Sörgels Träume gingen über die konventionellen Grenzen hinaus. Während andere vielleicht an den bestehenden Konflikten festhielten, sah er das Potenzial für Veränderung und Wachstum.

Die Welt befand sich im Wandel, und Sörgel wollte sicherstellen, dass dieser Wandel in eine Richtung führte, die Frieden, Zusammenarbeit und Fortschritt förderte.

In dieser Zeit des Wandels und der Umgestaltung war Sörgel ein Pionier der Vorstellungskraft. Seine Idee von Atlantropa war mehr als nur eine technische Vision – sie war ein Aufruf zur Transformation, ein Ruf nach einer neuen Art des Denkens und Handelns. In einer Welt, die im Begriff war, ihre alten Ketten abzuschütteln, bot Sörgel einen Weg in eine Zukunft, die nicht von Konflikten und Spaltungen, sondern von Gemeinschaft und Visionen geprägt war.

Abschnitt 1.4: Ein utopisches Konzept

Sörgels Vision von Atlantropa war zweifellos utopisch. Die Idee, die Meerenge von Gibraltar zu überbrücken und die Sahara in fruchtbares Land zu verwandeln, mag auf den ersten Blick wie eine fantastische Vorstellung erscheinen. Doch Sörgel und seine Zeitgenossen sahen in dieser Utopie die Möglichkeit einer besseren Welt, in der die Menschheit ihre Kräfte vereinte, um die Natur zu beherrschen und ein Zeitalter des Fortschritts einzuleiten.

Die Idee, das Mittelmeer zu überbrücken, um zwei Kontinente zu verbinden, hatte etwas Magisches an sich. Es war mehr als nur eine physische Konstruktion – es war ein Symbol für die Menschheit, die über ihre eigenen Grenzen hinauswuchs. Sörgel glaubte, dass durch die Vereinigung von Europa und Afrika nicht nur wirtschaftliche Vorteile entstehen würden, sondern auch ein starkes Signal des Friedens und der Zusammenarbeit gesendet werden könnte.

Die Utopie von Atlantropa war eine Vision, die die Menschheit dazu anregte, über die Begrenzungen ihrer Vorstellungskraft hinauszugehen. Die Idee, die Sahara in fruchtbares Land zu verwandeln, war ein kühner Schritt in die Zukunft. Sörgel war von der Vorstellung besessen, dass die Menschheit die Macht hätte, die Natur zu gestalten und zu lenken, um die Bedingungen für alle zu verbessern.

Doch während die Idee utopisch war, war sie keineswegs naiv. Sörgel und seine Zeitgenossen erkannten die technischen, finanziellen und politischen Herausforderungen, die mit der Umsetzung einer solchen Vision einhergingen. Sie sahen die Notwendigkeit von internationaler Zusammenarbeit und bahnbrechenden Ingenieursleistungen. Aber sie glaubten auch daran, dass die Menschheit in der Lage war, diese Hindernisse zu überwinden, wenn sie sich auf ein gemeinsames Ziel einigte.

In einer Zeit des Wandels und der Transformation stellte die utopische Idee von Atlantropa eine Chance dar – eine Chance für die Menschheit, eine neue Ära des Fortschritts einzuleiten, in der die Grenzen der Vorstellungskraft überschritten wurden. Sörgels Vision war mehr als nur ein Traum; sie war eine Einladung an die Menschheit, sich zusammenzuschließen, um eine Welt zu schaffen, die zwar utopisch sein mochte, aber dennoch das Potenzial hatte, real zu werden.

In diesem einleitenden Kapitel haben wir die Keimzelle des Atlantropa-Traums beleuchtet – die Gedanken und Ideen, die den Grundstein für diese utopische Vision legten. Wir haben die historischen, wirtschaftlichen und politischen Umstände erkundet, die diese Vision beeinflusst haben, und sind dabei auf die faszinierende Persönlichkeit von Herman Sörgel gestoßen, einem Mann, der den Mut hatte, über die Grenzen des Bekannten hinauszudenken. Doch wie würden diese Gedanken zu einem realen Projekt heranreifen? Welche Köpfe würden sich dieser Vision anschließen und wie würden die Umsetzungspläne aussehen? Dies sind die Fragen, die uns in den kommenden Kapiteln begleiten werden.

Kapitel 2: Die Köpfe hinter Atlantropa

In den Hallen der Geschichte finden sich Menschen, die durch ihren Mut, ihre Kreativität und ihre Entschlossenheit die Grenzen des Möglichen überschritten haben. Diese Köpfe hinter Atlantropa waren die Pioniere einer Vision, die die Welt verändern sollte. Ihre Namen sind mit einem Traum verbunden, der monumentale Ingenieursleistungen und eine beispiellose Zusammenarbeit zwischen Disziplinen erforderte.

Abschnitt 2.1: Herman Sörgel – Der Architekt der Vision

Herman Sörgel war der architektonische Denker hinter der Atlantropa-Idee. Geboren in einer Zeit des Wandels und geprägt von der Notwendigkeit, nach vorn zu schauen, entfachte Sörgel das Feuer des Atlantropa-Traums.

Seine Hintergrundgeschichte – ein Architekt, der seine Leidenschaft für Bauwerke auf die größte Skala ausdehnte – prägte seine Vision. Doch was trieb ihn an, diese utopische Idee zu entwickeln? War es der Wunsch nach Frieden, nach wirtschaftlichem Aufschwung oder eine Kombination aus beidem? In diesem Abschnitt betrachten wir die Persönlichkeit, die hinter dem Traum stand, und die Faktoren, die seine kreativen Impulse befeuerten.

Herman Sörgel wurde in einer Ära des Umbruchs geboren. Die industrielle Revolution veränderte nicht nur die Art und Weise, wie Menschen arbeiteten und lebten, sondern prägte auch die Denkweise einer ganzen Generation. Als junger Mann fühlte sich Sörgel von der Idee des Fortschritts und der Gestaltung der Zukunft angezogen. Er sah die Kraft der Technologie, die Welt zu verändern, und erkannte, dass die Grenzen dessen, was möglich war, neu gezogen wurden.

Von seinen frühesten Jahren an zeigte Sörgel eine Neugierde und Kreativität, die über das Normale hinausgingen.

Er widmete sich dem Studium der Architektur und Ingenieurskunst, und schon bald erkannte er, dass seine Leidenschaft in der Gestaltung von Strukturen lag, die nicht nur funktional, sondern auch symbolisch waren. Er träumte davon, Brücken zu bauen, die nicht nur über physische Abgründe führten, sondern auch über die kulturellen und politischen Gräben zwischen den Menschen.

Sörgels Hintergrund als Architekt war von zentraler Bedeutung für die Entwicklung seiner Vision. Er verstand, wie man nicht nur Steine aufeinander stapelte, sondern auch Ideen miteinander verknüpfte. Er erkannte, dass Architektur nicht nur die Form von Gebäuden prägte, sondern auch die Form von Gesellschaften. Diese Denkweise führte ihn zu der Erkenntnis, dass die Errichtung einer physischen Brücke zwischen Europa und Afrika mehr war als nur ein technisches Unterfangen – es war eine Möglichkeit, die Art und Weise zu verändern, wie Menschen zusammenlebten und zusammenarbeiteten.

Sörgels Passion für Architektur und Technologie brachte ihn in Kontakt mit Gleichgesinnten – Menschen, die ebenso davon überzeugt waren, dass die Welt durch menschliche Schaffenskraft transformiert werden konnte. Seine Treffen mit Ingenieuren, Wissenschaftlern und Denkern halfen, die Grundlage für die Atlantropa-Vision zu legen.

Die Idee, die Meerenge von Gibraltar zu überbrücken und die Sahara in fruchtbares Land zu verwandeln, mag utopisch erscheinen, aber für Sörgel und seine Mitstreiter war sie eine logische Fortsetzung ihrer Überzeugungen über den Fortschritt.

Was trieb Sörgel an, diese utopische Idee zu entwickeln? Es war ein Zusammenspiel von Faktoren – der Wunsch nach Frieden und Zusammenarbeit in einer Welt, die von Konflikten zerrüttet war; die Überzeugung, dass die Technologie die Macht hatte, die Natur zu beherrschen und das Leben der Menschen zu verbessern; und die Leidenschaft eines Architekten, der seine Visionen in die Realität umsetzen wollte. In Herman Sörgel fand die Atlantropa-Idee nicht nur einen visionären Denker, sondern auch einen Anführer, der bereit war, seine Träume in die Welt zu tragen und andere mit seiner Begeisterung anzustecken.

Abschnitt 2.2: Wilhelm II. der Niederlande – Der Ingenieur des Wassers

Wilhelm II. der Niederlande, ein Mann mit herausragenden Ingenieurqualitäten, brachte technische Expertise in das Atlantropa-Projekt ein. Sein Wissen über Wassermanagement und Ingenieurskunst trug dazu bei, die Umsetzbarkeit der Ideen zu untersuchen. Als Pionier in der Schaffung von Land aus Wasser und dem Schutz vor Überschwemmungen brachte Wilhelm II. eine andere Dimension in den Atlantropa-Traum ein. Aber welche persönlichen Motivationen und Ambitionen trieben diesen Ingenieur der Wasserkünste an? In diesem Abschnitt beleuchten wir die Persönlichkeit und die Beiträge von Wilhelm II. und wie seine Expertise das Projekt beeinflusste.

Wilhelm II. war bekannt für seine außergewöhnlichen Fähigkeiten im Bereich der Wasserwirtschaft und Ingenieurskunst. Schon früh in seiner Karriere erwarb er sich den Ruf, eine wichtige Rolle bei der Gestaltung der niederländischen Landschaft zu spielen. Sein Wissen und seine Fähigkeiten im Umgang mit Wasser waren von unschätzbarem Wert, da er es verstand, Land aus dem Meer zu gewinnen und das Land vor den Fluten zu schützen.

Als Wilhelm II. von der Atlantropa-Idee hörte, sah er eine einzigartige Gelegenheit, seine Fähigkeiten auf internationaler Ebene einzusetzen.

Die Vision von der Überbrückung des Mittelmeers und der Verwandlung der Sahara begeisterte ihn, und er erkannte sofort die technischen Herausforderungen, die mit einem solchen Unterfangen einhergingen. Sein Fachwissen im Wassermanagement und im Küstenschutz konnte entscheidend dazu beitragen, die Machbarkeit dieser ehrgeizigen Projekte zu analysieren.

Wilhelm II. brachte jedoch nicht nur technisches Wissen in das Projekt ein, sondern auch eine tiefe persönliche Motivation. Als Ingenieur der Wasserkünste war er von der Vorstellung besessen, die Natur zu meistern und das Land nach den Bedürfnissen der Menschheit zu formen. Dieser Drang trieb ihn an, nicht nur die technischen Aspekte des Atlantropa-Projekts zu erforschen, sondern auch die ethischen und ökologischen Implikationen zu bedenken.

Seine persönliche Verbindung zur Natur und sein Wunsch, das Beste aus ihr herauszuholen, machten Wilhelm II. zu einem entscheidenden Akteur in der Umsetzung der Atlantropa-Vision. Er verstand, wie wichtig es war, die ökologischen Auswirkungen von Großprojekten zu berücksichtigen, und setzte sich dafür ein, dass die Eingriffe in die Natur in Einklang mit den langfristigen Interessen der Umwelt standen.

Wilhelm II. trug nicht nur technisches Wissen in das Atlantropa-Projekt ein, sondern auch eine tiefe Leidenschaft für die Gestaltung der Umwelt und eine Verantwortung für die Bewahrung der Natur. Seine Beiträge brachten eine praktische Perspektive in die Vision von Atlantropa ein und halfen, die Träume von Herman Sörgel mit realistischen Machbarkeiten zu verknüpfen. In der Partnerschaft zwischen Sörgel und Wilhelm II. kam eine einzigartige Kombination aus Architektur und Ingenieurwesen zusammen, um den Grundstein für das Atlantropa-Projekt zu legen.

Abschnitt 2.3: August Bosch – Der Technologie-Visionär

August Bosch, ein weiterer entscheidender Kopf, brachte sein technologisches Verständnis in die Atlantropa-Idee ein. Als Experte für Elektrizität und Energietechnik erkannte Bosch das Potenzial der Elektrifizierung ganzer Regionen, um die Lebensbedingungen zu verbessern. Er verstand die Macht der Technologie, um Mensch und Natur in Einklang zu bringen. Doch welche Vorstellungen trieben ihn an? Was waren seine Visionen? In diesem Abschnitt erkunden wir die Gedankenwelt von August Bosch und seine Beiträge zu dieser utopischen Vision.

August Bosch war ein Technologie-Visionär seiner Zeit. Seine Expertise im Bereich der Elektrizität und Energietechnik war wegweisend und legte den Grundstein für viele Innovationen, die das 20. Jahrhundert prägten. Als er von der Atlantropa-Idee hörte, erkannte er sofort das transformative Potenzial, das in der Elektrifizierung ganzer Regionen lag.

Bosch glaubte fest daran, dass Elektrizität nicht nur eine Möglichkeit war, Energie zu erzeugen, sondern auch eine Möglichkeit, das Leben der Menschen zu verbessern. Er sah die Elektrifizierung als einen Weg, um Industrie, Infrastruktur und Alltagsleben zu revolutionieren. Als er sich mit der Vision von Atlantropa auseinandersetzte, erkannte er die Gelegenheit, diese Technologie auf eine noch nie dagewesene Skala anzuwenden.

Seine Vorstellungen von Technologie und Fortschritt waren eng mit dem Wohl der Gesellschaft verknüpft. Bosch träumte von Städten, die von sauberer und erschwinglicher Energie angetrieben wurden, von einer nachhaltigen Zukunft, in der Mensch und Natur in Harmonie lebten. Er sah in Atlantropa nicht nur eine Möglichkeit, Ressourcen zu nutzen, sondern auch eine Möglichkeit, ökologische und soziale Herausforderungen anzugehen.

Boschs Visionen trieben ihn an, seine technologische Expertise in die Atlantropa-Idee einzubringen.

Er arbeitete daran, innovative Methoden zur Energieerzeugung und -übertragung zu entwickeln, die das gewaltige Ausmaß des Projekts bewältigen konnten. Er verstand, dass die technologische Komponente des Atlantropa-Traums von entscheidender Bedeutung war, um die Vision von einem vereinten Europa und Afrika zu verwirklichen.

Seine Leidenschaft für Technologie und Fortschritt machte August Bosch zu einem unverzichtbaren Mitglied des Atlantropa-Teams. Seine Beiträge halfen dabei, die utopische Vision mit realistischer Technologie zu verknüpfen und die Grundlage für eine nachhaltige Zukunft zu schaffen. In der Partnerschaft zwischen Sörgel, Wilhelm II. und Bosch kamen verschiedene Fähigkeiten und Perspektiven zusammen, um den Weg für die Umsetzung des Atlantropa-Projekts zu ebnen.

Abschnitt 2.4: Das Netzwerk der Kreativen

Diese Köpfe waren zwar die zentralen Gestalter des Atlantropa-Traums, doch sie waren nicht isoliert. Ein Netzwerk von Denkern, Ingenieuren und Intellektuellen, die sich in den Diskussionsforen und Kaffeehäusern ihrer Zeit trafen, teilten ihre Vorstellungen, beleuchteten Herausforderungen und beflügelten die Vorstellungskraft. Die Zusammenarbeit zwischen diesen kreativen Köpfen war der Kitt, der die Idee von Atlantropa zu einem konkreten Projekt formte.

In den Salons und Konferenzen jener Epoche trafen Visionäre wie Herman Sörgel, Ingenieure wie Wilhelm II. der Niederlande und Technologie-Visionäre wie August Bosch auf Gleichgesinnte und Kritiker gleichermaßen. Diese Treffen waren die Brutstätten für neue Ideen und Innovationen, die den Atlantropa-Traum weiter vorantrieben. Diskussionen über technologische Herausforderungen, geopolitische Implikationen und ökologische Bedenken halfen, die Vision zu schärfen und zu verfeinern.

Die Kollaboration innerhalb dieses Netzwerks war entscheidend für die Entwicklung der Atlantropa-Idee. Jeder Kopf brachte seine einzigartige Perspektive ein und half dabei, potenzielle Hindernisse zu identifizieren und Lösungen zu finden.

Durch den Austausch von Wissen und Ideen wurden die Visionen von Einzelnen zu einem gemeinsamen Streben nach einer besseren Welt zusammengeführt.

Die Zusammenarbeit zwischen diesen kreativen Köpfen ging über geografische und disziplinäre Grenzen hinweg. Visionäre aus verschiedenen Ländern und Fachrichtungen fanden sich zusammen, um eine gemeinsame Vision zu verwirklichen. Dieses Netzwerk der Kreativen diente als Katalysator für den Atlantropa-Traum und half dabei, ihn von einer utopischen Vorstellung zu einem realen Projekt zu entwickeln.

In diesem Kapitel haben wir die Protagonisten hinter Atlantropa beleuchtet – Visionäre, Ingenieure und Intellektuelle, die durch ihre Beiträge und ihre Zusammenarbeit die Grundlage für diesen außergewöhnlichen Traum legten. Wir haben in die Gedankenwelt dieser Menschen eingetaucht und ihre Motivationen, Hintergründe und Ideen erkundet, die den Grundstein für die Realisierung eines so monumentalen Projekts legten. Doch wie würden diese Köpfe ihre Kräfte bündeln und den Traum von Atlantropa vorantreiben?

Kapitel 3: Die geopolitischen Herausforderungen

Die Vision von Atlantropa war nicht nur ein technisches Vorhaben, sondern auch ein geopolitisches Experiment, das die etablierten Strukturen und Machtverhältnisse auf globaler Ebene beeinflusst hätte. In diesem Kapitel widmen wir uns den politischen und diplomatischen Herausforderungen, die mit der Idee von Atlantropa einhergingen, und werfen einen Blick auf die möglichen Reaktionen anderer Länder sowie die Veränderungen im Machtgefüge der Welt.

Abschnitt 3.1: Die Kontroversen entfachen

Die Idee von Atlantropa war von Anfang an kontrovers. Als die Visionäre ihre Pläne präsentierten und die ersten Konzepte diskutierten, stellte sich die Frage: Wie würden andere Nationen auf diese beispiellose Veränderung der geografischen Landschaft reagieren? Einige Länder könnten die Idee als Bedrohung ihrer eigenen geopolitischen Interessen empfinden, während andere die Möglichkeit einer neuen Ära der Kooperation und des Fortschritts sehen könnten. Die Vorstellung, die Meerenge von Gibraltar zu überbrücken und die Sahara zu transformieren, rief eine Vielzahl von Reaktionen hervor. Einige Staaten könnten besorgt sein, dass das Verschmelzen von Afrika und Europa zu einer Neuordnung der politischen Machtverhältnisse führen würde. Andere könnten die ökologischen Auswirkungen in den Vordergrund stellen und Bedenken darüber äußern, wie solch radikale Eingriffe in die Natur das Gleichgewicht der Ökosysteme beeinflussen könnten.

Die Idee, zwei Kontinente zu verbinden, würde zweifellos Grenzen überschreiten – nicht nur geografische, sondern auch politische und kulturelle. Die Kontroversen um Atlantropa würden das internationale Bühnenlicht auf das Projekt lenken und zu intensiven Diskussionen in diplomatischen Kreisen führen.

Die Frage, wie die globale Gemeinschaft auf dieses außergewöhnliche Vorhaben reagieren würde, wäre von zentraler Bedeutung für die weitere Entwicklung der Idee.

Die Spannungen zwischen den Nationen könnten vielfältig sein. Einige Länder könnten die Vision als ein Symbol des Fortschritts und der internationalen Zusammenarbeit sehen, während andere Länder möglicherweise territorialen Verlust befürchten könnten. Die geopolitische Landschaft wäre im Umbruch, und Atlantropa würde zweifellos eine neue Ära der internationalen Beziehungen einläuten.

In diesem Abschnitt betrachten wir die verschiedenen Reaktionen und Kontroversen, die Atlantropa bereits in seiner Konzeptionsphase ausgelöst hätte. Die geopolitischen Implikationen, die diplomatischen Herausforderungen und die unterschiedlichen Standpunkte der Länder wären entscheidend für die weitere Gestaltung der Vision und die Frage, ob Atlantropa jemals mehr sein würde als nur ein utopischer Traum.

Abschnitt 3.2: Internationale Spannungen

Die geopolitischen Auswirkungen von Atlantropa hätten weitreichende Konsequenzen gehabt. Die Umgestaltung der Landkarte und die Verschiebung von Ressourcen könnten bereits bestehende Spannungen zwischen Nationen verschärfen oder neue Konflikte entfachen. Die Suche nach dem Einfluss über die neu entstandenen Gebiete, die Verteilung der gewonnenen Ressourcen und die Definition von territorialen Ansprüchen wären nur einige der potenziellen Brennpunkte.

Die Schaffung einer neuen Landverbindung zwischen Europa und Afrika würde zweifellos das geopolitische Gleichgewicht stören. Länder, die historisch um Einfluss in dieser Region gerungen hatten, könnten mit neuen Machtverhältnissen konfrontiert werden. Neue Handelswege und strategische Vorteile könnten zu Spannungen führen, wenn verschiedene Nationen versuchten, ihren Anteil an den sich verändernden Gegebenheiten zu beanspruchen.

Territoriale Ansprüche und die Frage nach der Souveränität über die neu geschaffenen Gebiete wären heikle Themen. Nationen könnten um die Kontrolle über die Verbindungswege kämpfen oder um Zugang zu den natürlichen Ressourcen ringen, die durch die Umgestaltung der Landschaft zugänglich würden.

Dies könnte zu politischen Konflikten und diplomatischen Auseinandersetzungen führen, die die Stabilität der betroffenen Regionen gefährden würden.

Auch die Frage der Ressourcenverteilung könnte Spannungen hervorrufen. Die neu gewonnenen Gebiete und Ressourcen wären von unschätzbarem Wert, und die Verteilung dieser Ressourcen unter den beteiligten Nationen könnte zu wirtschaftlichen Konflikten führen. Die Suche nach einem gerechten und ausgewogenen Ansatz zur Ressourcenverteilung wäre von entscheidender Bedeutung, um potenzielle Konflikte zu vermeiden.

In diesem Abschnitt analysieren wir, wie die Vision von Atlantropa internationale Spannungen hervorgerufen und beeinflusst hätte. Die geopolitischen Auswirkungen auf bestehende Machtstrukturen, territoriale Ansprüche und Ressourcenverteilung wären komplexe Themen, die eine grundlegende Rolle bei der Umsetzbarkeit und Akzeptanz der Atlantropa-Idee gespielt hätten.

Abschnitt 3.3: Veränderungen im Machtgefüge

Die Umsetzung von Atlantropa hätte das globale Machtgefüge zweifellos beeinflusst. Neue Wirtschaftszentren, Ressourcenschwerpunkte und Handelsrouten wären entstanden. Dies hätte Auswirkungen auf die politische Stabilität und die bestehenden Bündnisse gehabt. Einige Länder könnten ihren Einfluss vergrößern, während andere ihren Status als geopolitische Akteure neu überdenken müssten.

Die Schaffung einer neuen Verbindung zwischen Europa und Afrika hätte die Möglichkeit eröffnet, neue Handelsrouten zu etablieren und wirtschaftliche Knotenpunkte zu schaffen. Länder, die an strategisch günstigen Positionen lägen, könnten ihren Einfluss in der globalen Wirtschaft verstärken. Neue Wirtschaftszentren könnten aufsteigen, während bestehende Handelsmächte möglicherweise ihre Position verteidigen müssten.

Die Umverteilung von Ressourcen durch die Transformation der Sahara hätte ebenfalls tiefgreifende Auswirkungen auf die wirtschaftliche und politische Landschaft. Länder, die Zugang zu diesen Ressourcen hätten, könnten ihren Einfluss auf internationaler Ebene ausbauen. Dies könnte zu einer Verschiebung der Kräfte führen und bestehende Bündnisse in Frage stellen.

Die Veränderungen im Machtgefüge wären nicht nur auf wirtschaftlicher, sondern auch auf politischer Ebene spürbar. Neue Allianzen könnten sich bilden, während alte Bündnisse auf die Probe gestellt würden. Nationen könnten ihre Außenpolitik neu ausrichten, um von den Veränderungen in der geopolitischen Landschaft zu profitieren oder sich gegen mögliche Bedrohungen abzusichern.

In diesem Abschnitt untersuchen wir, wie die Veränderungen in der geografischen und wirtschaftlichen Landschaft durch die Umsetzung von Atlantropa die politische Balance der Kräfte verschoben hätten. Die Entstehung neuer Wirtschaftszentren, der Zugang zu Ressourcen und die Neugestaltung geopolitischer Beziehungen wären Faktoren, die die internationale Ordnung neu definiert hätten.

Abschnitt 3.4: Diplomatische Herausforderungen

Die Umsetzung von Atlantropa hätte nicht nur politische und wirtschaftliche Auswirkungen, sondern auch diplomatische Herausforderungen mit sich gebracht. Verhandlungen über die Nutzung von Ressourcen, die Festlegung von Grenzen und die Aufteilung der Verantwortlichkeiten hätten diplomatische Geschicklichkeit erfordert. Neue internationale Institutionen und Abkommen wären möglicherweise notwendig geworden, um die Herausforderungen und Unsicherheiten anzugehen.

Die Umwandlung von großen Gebieten der Sahara in fruchtbares Land und die Schaffung neuer Verbindungswege zwischen Kontinenten hätten unweigerlich Fragen nach territorialen Ansprüchen und Nutzungsrechten aufgeworfen. Länder könnten um den Zugang zu Ressourcen und die Kontrolle über die neu entstandenen Gebiete konkurrieren. Diplomatische Verhandlungen wären erforderlich gewesen, um Konflikte zu vermeiden und eine faire Aufteilung zu gewährleisten.

Die Definition von Grenzen und die Regelungen für die Nutzung der geschaffenen Infrastruktur hätten ebenfalls diplomatische Herausforderungen dargestellt. Länder hätten sich auf Abkommen einigen müssen, um Streitigkeiten über Fragen wie Zolltarife, Handelswege und Grenzkontrollen zu lösen.

Die Schaffung von internationalen Gremien zur Überwachung und Verwaltung der neu entstandenen Regionen wäre wahrscheinlich notwendig gewesen, um eine reibungslose Koexistenz sicherzustellen.

Die Diplomatie hätte auch eine entscheidende Rolle bei der Beruhigung von Ängsten und Bedenken gespielt, die mit der Umsetzung von Atlantropa verbunden wären. Nationen hätten ihre Interessen verteidigt und gleichzeitig nach Möglichkeiten zur Zusammenarbeit gesucht. Die Suche nach einem Gleichgewicht zwischen nationalen Prioritäten und internationalen Anliegen hätte diplomatische Geschicklichkeit und Kompromissbereitschaft erfordert.

In diesem Abschnitt haben wir die diplomatischen Schwierigkeiten untersucht, die mit der Realisierung von Atlantropa einhergegangen wären. Die Verhandlungen über Ressourcennutzung, die Festlegung von Grenzen und die Etablierung internationaler Abkommen wären entscheidend gewesen, um die geopolitischen Spannungen zu mildern und die Grundlage für eine nachhaltige Umsetzung der Vision zu schaffen.

Kapitel 4: Das gigantische Ingenieurprojekt beginnt

Die Atlantropa-Vision war mehr als eine Utopie. Sie war der Versuch, die Welt selbst zu gestalten – ein ehrgeiziges Unterfangen, das die Technologie an ihre Grenzen bringen würde. In diesem Kapitel begleiten wir die Visionäre und Ingenieure, während sie den ersten Spatenstich für das gewaltige Atlantropa-Projekt setzen und sich den zahlreichen technologischen, finanziellen und infrastrukturellen Herausforderungen stellen.

Abschnitt 4.1: Das Fundament der Veränderung

Die Verwirklichung des Atlantropa-Traums begann mit einem Schlag. Baustellen wurden eröffnet, Ingenieurscharen mobilisiert, und die ersten umfangreichen Bauprojekte setzten ein. Die Ingenieure begannen, die Konstruktionen zu errichten, die den Grundstein für diese beispiellose Veränderung legen sollten.

Die technologischen Herausforderungen, die mit der Umsetzung von Atlantropa verbunden wären, wären von unvorstellbarem Ausmaß gewesen. Das Trockenlegen des Mittelmeers und die Verwandlung der Sahara in fruchtbares Land hätten bahnbrechende technologische Innovationen erfordert. Neue Methoden zur Kontrolle von Wasser, zur Schaffung von Dämmen und zur Bewässerung von riesigen Flächen wären entwickelt worden.

Die Ingenieure hätten die Grenzen des Machbaren ausloten müssen, um das riesige Wasserreservoir des Mittelmeers zu regulieren. Die Schaffung von Dämmen und Schleusen auf einer solchen Skala wäre ein Meisterwerk der Ingenieurskunst gewesen. Gleichzeitig hätten sie innovative Lösungen finden müssen, um die Erosion in der neu geschaffenen Landschaft der Sahara zu kontrollieren und die Bodenqualität zu verbessern.

Die Entwicklung neuer Baumaterialien, Technologien zur Energiespeicherung und nachhaltigen Energiequellen wären ebenfalls notwendig gewesen, um die Infrastruktur von Atlantropa zu unterstützen. Die Ingenieure hätten die Herausforderung angenommen, die erforderlichen Ressourcen in ausreichender Menge zu beschaffen und gleichzeitig die ökologischen Auswirkungen im Auge zu behalten.

Die technologischen Innovationen wären nicht nur für die Umsetzung von Atlantropa von Bedeutung gewesen, sondern hätten auch langfristige Auswirkungen auf die Menschheit und die Art und Weise, wie wir mit der Umwelt interagieren, gehabt. In diesem Abschnitt betrachten wir die technologischen Innovationen, die erforderlich wären, um die monumentale Aufgabe von Atlantropa zu bewältigen, und wie diese Innovationen das Gesicht der Welt verändert hätten.

Abschnitt 4.2: Die Finanzierung des Unmöglichen

Die Umsetzung von Atlantropa würde nicht nur technologische Meisterleistungen erfordern, sondern auch eine immense finanzielle Investition. Die Frage nach der Finanzierung eines solchen gigantischen Ingenieurprojekts würde sich stellen. Wie würden die beteiligten Nationen die notwendigen Mittel aufbringen? Welche wirtschaftlichen und politischen Herausforderungen würden sich bei der Beschaffung der Ressourcen ergeben?

Die Kosten für die Umsetzung von Atlantropa wären astronomisch gewesen. Der Bau von Dämmen, Schleusen, Bewässerungssystemen und anderen Infrastrukturen auf so gigantischer Skala würde Milliarden von Einheiten der Währung der Zeit erfordern. Die beteiligten Nationen müssten entscheiden, wie diese Kosten aufgeteilt werden würden und welche Formen der Finanzierung verwendet werden könnten.

Eine Möglichkeit wäre die Schaffung eines internationalen Fonds, an dem sich verschiedene Länder beteiligen könnten. Dies würde jedoch politische und diplomatische Verhandlungen erfordern, um die finanzielle Verantwortung zu klären. Eine andere Option wäre die Nutzung privater Investoren oder die Ausgabe von Anleihen, um das Projekt zu finanzieren.

Die Beschaffung der notwendigen Ressourcen, sei es Baumaterialien, Energie oder Arbeitskräfte, wäre ebenfalls eine Herausforderung. Länder könnten Ressourcen aus ihren eigenen Territorien beisteuern oder Handelsvereinbarungen treffen, um die benötigten Materialien zu beschaffen. Die Frage nach der gerechten Verteilung der Kosten und Nutzen würde sicherlich politische Diskussionen und Verhandlungen auslösen.

Die finanzielle Seite von Atlantropa hätte nicht nur wirtschaftliche Auswirkungen gehabt, sondern auch politische und soziale. Nationen hätten abwägen müssen, wie viel sie in das Projekt investieren könnten oder sollten, und wie sich dies auf ihre eigenen Bürger auswirken würde. Die Finanzierung wäre zweifellos eine der größten Herausforderungen bei der Umsetzung dieser utopischen Vision gewesen.

In diesem Abschnitt haben wir die vielschichtigen Aspekte der Finanzierung von Atlantropa erkundet und wie sie das Vorhaben beeinflusst hätte. Die Beschaffung der finanziellen Mittel, die Entscheidungen über die Kostenverteilung und die möglichen Auswirkungen auf die beteiligten Nationen wären entscheidende Faktoren bei der Realisierung dieses monumentalen Projekts gewesen.

Abschnitt 4.3: Aufbau der Infrastruktur

Die Schaffung eines neuen Kontinents erfordert mehr als bloße Bauprojekte. Eine umfassende Infrastruktur müsste geschaffen werden, um das neu gewonnene Land zu besiedeln und zu entwickeln. Straßen, Schienen, Häfen, Städte – all das müsste von Grund auf errichtet werden. Wie würden die Ingenieure diese Aufgabe angehen?

Die Ingenieure von Atlantropa stünden vor einer monumental komplexen Aufgabe: Sie müssten nicht nur die natürliche Umgebung umgestalten, sondern auch die Infrastruktur schaffen, die für eine dauerhafte Besiedelung und Nutzung des neuen Landes notwendig wäre. Das bedeutete, Straßen und Schienenwege zu planen und zu bauen, um Transportmöglichkeiten zu schaffen, die weit über das bisherige Maß hinausgingen.

Der Bau von Häfen und Städten wäre unerlässlich, um den Lebensraum für die Menschen zu schaffen. Hier kämen innovative Konzepte der Stadtplanung und Architektur ins Spiel. Die Ingenieure müssten Städte schaffen, die nicht nur funktional wären, sondern auch den besonderen Herausforderungen der neuen Umgebung gerecht würden.

Logistische Herausforderungen würden ebenfalls eine wichtige Rolle spielen. Wie würden die notwendigen Baumaterialien an die Baustellen geliefert werden?

Wie könnten die Menschen und Ressourcen effizient bewegt werden, um den Aufbau der Infrastruktur zu unterstützen? Neue Technologien könnten erforderlich sein, um diese Aufgaben zu bewältigen.

Die Planung und der Aufbau dieser umfassenden Infrastruktur wären eine gewaltige Leistung der Ingenieurskunst. Die Herausforderungen wären immens, doch die Visionäre von Atlantropa würden ihre kreativen Köpfe und technischen Fähigkeiten einsetzen, um diese Aufgabe zu bewältigen.

In diesem Abschnitt betrachten wir die Planung und den Aufbau der notwendigen Einrichtungen für das ehrgeizige Projekt. Von der Schaffung von Verkehrswegen bis zur Entwicklung von Städten und Häfen würden die Ingenieure vor Herausforderungen stehen, die weit über das bisher Bekannte hinausgehen. Dieser Abschnitt beleuchtet die technologischen Innovationen, logistischen Herausforderungen und visionären Konzepte, die bei der Errichtung der Atlantropa-Infrastruktur auftreten würden.

Abschnitt 4.4: Technologische Hürden und ethische Fragen

Der Bau von Atlantropa wäre zweifellos von technologischen Herausforderungen geprägt gewesen. Die Beherrschung der Natur in diesem Ausmaß könnte auf unvorhersehbare Komplikationen stoßen. Erdbeben, Umweltauswirkungen und andere technische Schwierigkeiten wären nicht auszuschließen. Gleichzeitig würden auch ethische Fragen aufkommen – der Eingriff in die natürliche Ordnung und die möglichen Konsequenzen für die Umwelt.

Die Ingenieure von Atlantropa stünden vor einer Vielzahl von technologischen Hürden. Der Bau von gigantischen Dämmen und Schleusen im offenen Meer wäre eine nie dagewesene Herausforderung. Die Auswirkungen auf die geografische Umgebung könnten schwer vorhersehbar sein – von Wasserströmungen über Sedimentablagerungen bis hin zu potenziellen ökologischen Auswirkungen.

Erdbeben, die in der Region nicht ungewöhnlich sind, könnten die Stabilität der künstlichen Strukturen gefährden. Ingenieure müssten innovative Methoden entwickeln, um solche Bedrohungen zu minimieren und die Sicherheit der Bevölkerung zu gewährleisten.

Neben den technologischen Herausforderungen würden auch ethische Fragen aufkommen. Der massive Eingriff in die Natur und die Umgestaltung ganzer Ökosysteme könnten nicht nur ökologische, sondern auch soziale Konsequenzen haben. Die Frage nach der Verantwortung gegenüber der Umwelt und den nachfolgenden Generationen wäre von zentraler Bedeutung.

Die Visionäre und Ingenieure von Atlantropa müssten sich diesen technologischen und ethischen Dilemmata stellen. Sie müssten Lösungen finden, die sowohl technisch machbar als auch ethisch vertretbar wären. Der Weg zur Verwirklichung dieses monumentalen Projekts wäre zweifellos von Herausforderungen geprägt gewesen, die weit über die bloße Ingenieurskunst hinausgingen.

In diesem Abschnitt haben wir die technologischen und ethischen Hürden beleuchtet, die die Visionäre und Ingenieure bei der Umsetzung von Atlantropa hätten bewältigen müssen. Von der Beherrschung der Natur bis zur Auseinandersetzung mit den ethischen Implikationen – diese Aspekte wären entscheidend gewesen, um den Traum von Atlantropa in die Realität umzusetzen.

Kapitel 5: Die Bauwerke, Technologien und Herausforderungen

Die Verwirklichung des Atlantropa-Traums erforderte nicht nur visionäre Konzepte und technologische Innovationen, sondern auch die tatsächliche Umsetzung dieser Ideen in Form gigantischer Bauwerke. In diesem Kapitel werfen wir einen genaueren Blick auf die eindrucksvollen Bauwerke, die für Atlantropa geplant waren, die technologischen Meisterleistungen, die dahinter steckten, und die zahlreichen Herausforderungen, die während der Bauphase bewältigt werden mussten.

Abschnitt 5.1: Die Dämme der Verbindung

Eines der zentralen Elemente von Atlantropa waren die gigantischen Dämme, die das Mittelmeer teilweise abriegeln sollten. Diese Dämme hätten nicht nur die Wassermenge reguliert, sondern auch die Geografie und Topografie der Region grundlegend verändert. Wir betrachten die Ingenieurskunst hinter diesen monumentalen Bauwerken, die technischen Herausforderungen bei ihrer Konstruktion und die Verwendung innovativer Materialien, um diese Strukturen zu errichten.

Die Idee, das Mittelmeer in verschiedene Becken zu unterteilen, war ein Meisterstück der Ingenieurskunst. Die Dämme sollten nicht nur das Wasser kontrollieren, sondern auch den Austausch von Ressourcen und den Aufbau neuer Siedlungsgebiete ermöglichen. Ingenieure müssten innovative Methoden entwickeln, um diese gigantischen Strukturen im offenen Meer zu errichten. Die Wahl der Materialien und die Stabilität der Dämme wären entscheidend, um den Kräften des Wassers standzuhalten.

Die technischen Herausforderungen bei der Konstruktion dieser Dämme waren enorm. Sie müssten stark genug sein, um den Druck des Wassers zu bewältigen, aber gleichzeitig flexibel genug, um auf mögliche geologische Bewegungen zu reagieren.

Die Planung und das Design dieser Bauwerke erforderten nicht nur technisches Wissen, sondern auch Kreativität und Innovation.

Die Ingenieure von Atlantropa wären auf die Verwendung von neuen Materialien angewiesen, um diese Herausforderungen zu bewältigen. Von verstärktem Beton bis hin zu fortschrittlichen Verbundwerkstoffen müssten sie Materialien finden, die den Anforderungen eines solchen gigantischen Projekts gerecht werden könnten.

In diesem Abschnitt haben wir die technische Komplexität und die Herausforderungen beleuchtet, die mit der Konstruktion der Dämme von Atlantropa einhergegangen wären. Die Ingenieure hätten nicht nur die Natur beherrschen, sondern auch die Grenzen der Ingenieurskunst neu definieren müssen, um diese monumentalen Bauwerke zu erschaffen.

Abschnitt 5.2: Die Schaffung von Land und Wasserstraßen

Die Verwirklichung des Atlantropa-Traums erforderte mehr als nur das Abdämmen des Meeres. Es wäre notwendig gewesen, neue Landflächen zu erschaffen und Wasserstraßen zu gestalten, um die geografischen Ziele von Atlantropa zu erreichen. Wie würden die Ingenieure die Herausforderungen angehen, die mit der Umleitung von Wasser und der Schaffung neuer Landmassen verbunden sind?

Die Schaffung von neuem Land und die Gestaltung von Wasserstraßen waren fundamentale Bestandteile der Atlantropa-Vision. Ingenieure hätten sich mit komplexen hydrologischen und geologischen Prozessen auseinandersetzen müssen, um das Meereswasser gezielt umzuleiten und neue Landflächen zu erschaffen. Das Umleiten von Wasser erforderte eine genaue Kenntnis der Meeresströmungen und Gezeiten, um unerwünschte Auswirkungen auf die Umwelt und die bestehende Küstenlinie zu vermeiden.

Die Schaffung neuer Landmassen hätte innovative Techniken erfordert, um den Meeresboden zu stabilisieren und aufzufüllen. Ingenieure müssten Methoden entwickeln, um das Wasser abzuleiten und die neu entstandenen Gebiete zu trocknen, damit sie besiedelt und bewirtschaftet werden könnten.

Die Gestaltung von Wasserstraßen hätte die Effizienz des Transports und Handels im neuen Atlantropa sicherstellen sollen. Hierbei wären Ingenieure gefragt, um die optimale Breite, Tiefe und Stabilität dieser Kanäle zu bestimmen. Die Schaffung navigierbarer Wasserstraßen eröffnete auch Möglichkeiten für den internationalen Handel und den Austausch von Ressourcen zwischen den neu entstandenen Regionen.

Die technischen Herausforderungen bei der Schaffung von Land und Wasserstraßen waren enorm. Die Ingenieure hätten nicht nur die Natur bezwingen, sondern auch komplexe hydrologische und geologische Prozesse verstehen und beherrschen müssen, um die gewünschten Veränderungen zu erreichen.

In diesem Abschnitt haben wir die komplexen Prozesse beleuchtet, die erforderlich gewesen wären, um die geografische Vision von Atlantropa zu verwirklichen. Die Ingenieure hätten innovative Techniken und Methoden entwickeln müssen, um das Meereswasser umzuleiten, neue Landflächen zu erschaffen und Wasserstraßen zu gestalten. Dies wäre zweifellos eine der anspruchsvollsten und faszinierendsten Herausforderungen des gesamten Projekts gewesen.

Abschnitt 5.3: Kanäle der Einheit

Ein weiteres ehrgeiziges Vorhaben von Atlantropa war die Schaffung von Kanälen, die verschiedene Gewässer miteinander verbinden sollten. Diese Kanäle wären nicht nur Handels- und Transportwege gewesen, sondern hätten auch als Symbole der Einheit zwischen den Kontinenten gedient. Wie würden die Ingenieure die technischen Herausforderungen der Kanalbauwerke bewältigen? Welche Materialien und Bauweisen würden eingesetzt, um diese gewaltigen Wasserstraßen zu schaffen?

Die Kanäle von Atlantropa sollten nicht nur als Verkehrsadern dienen, sondern auch die Verbindung und Zusammenarbeit zwischen den neu entstandenen Regionen symbolisieren. Ingenieure hätten eine Vielzahl von Faktoren berücksichtigen müssen, darunter die topografische Gegebenheit, die Wasserflussraten und die ökologischen Auswirkungen auf die umliegenden Gebiete.

Der Bau solch gigantischer Kanäle hätte die Verwendung innovativer Baumaterialien und Konstruktionsmethoden erfordert. Ingenieure hätten Lösungen entwickeln müssen, um die Stabilität der Kanalwände sicherzustellen und gleichzeitig die Wasserflussraten zu optimieren. Hochmoderne Technologien und Ingenieurskünste wären notwendig gewesen, um diese Wasserstraßen zu gestalten und zu bauen.

Ein weiteres wichtiges Element wäre die Schleusentechnologie gewesen, um den Wasserstand in den Kanälen zu regulieren und den Schiffsverkehr zu erleichtern. Ingenieure hätten sich mit komplexen hydraulischen Systemen auseinandersetzen müssen, um sicherzustellen, dass die Schifffahrt reibungslos funktioniert.

Die technischen Herausforderungen bei der Planung und dem Bau dieser Kanäle wären beträchtlich gewesen, aber gleichzeitig hätten sie die Möglichkeit geboten, wegweisende Technologien und Lösungen zu entwickeln. Die Ingenieure hätten die Balance zwischen Funktionalität, Nachhaltigkeit und ästhetischem Design finden müssen, um diese beeindruckenden Wasserstraßen zu schaffen.

In diesem Abschnitt haben wir die faszinierende Welt der geplanten Kanäle von Atlantropa erkundet. Die Ingenieure hätten eine einzigartige Verbindung zwischen den Kontinenten geschaffen, die nicht nur den Handel erleichtert, sondern auch die symbolische Einheit zwischen den Regionen betont hätte. Doch welche Herausforderungen hätten diese Ingenieure bewältigen müssen, um diese gewaltigen Wasserstraßen Wirklichkeit werden zu lassen? Dies werden wir in den folgenden Abschnitten genauer betrachten.

Abschnitt 5.4: Ingenieurkunst und technische Innovationen

Die Umsetzung von Atlantropa hätte zweifellos die Grenzen der Ingenieurkunst herausgefordert. Von der Stabilität der Dämme über die Schaffung von Land bis hin zur Umleitung von Wasser – die Ingenieure hätten innovative Lösungen finden müssen, um die technischen Herausforderungen zu bewältigen. Neue Baumaterialien, Technologien und Methoden wären erforderlich gewesen, um die Vision zum Leben zu erwecken. In diesem Abschnitt betrachten wir die kreativen Lösungen und technologischen Innovationen, die während der Bauphase angewendet worden wären.

Die Ingenieure von Atlantropa hätten mit einer Reihe technischer Herausforderungen zu kämpfen gehabt. Die Dämme, die das Mittelmeer abriegeln sollten, hätten enormen Druck durch das Wasser standhalten müssen. Hier wären fortschrittliche Materialien wie verstärkter Beton und Stahlkonstruktionen notwendig gewesen, um die Stabilität und Belastbarkeit zu gewährleisten.

Die Schaffung neuer Landflächen und die Umleitung von Wasserströmen hätten ebenfalls innovative Ansätze erfordert. Die Ingenieure hätten möglicherweise auf hydraulische Systeme zurückgegriffen, um die Landgewinnung zu erleichtern.

Die Entwässerung der neu geschaffenen Gebiete und die Kontrolle des Wasserflusses wären Schlüsselaspekte gewesen, die sorgfältige Planung und technisches Geschick erfordert hätten.

Ein weiteres Beispiel für technologische Innovationen wären die Schleusensysteme gewesen, die für den Schiffsverkehr in den neu entstandenen Wasserstraßen notwendig gewesen wären. Die Entwicklung effizienter und zuverlässiger Schleusentechnologien hätte die reibungslose Navigation in den Kanälen gewährleistet.

Diese technologischen Herausforderungen hätten die Ingenieure zu kreativen Lösungen angespornt. Sie hätten neue Technologien erforscht, bestehende Methoden verbessert und innovative Ansätze entwickelt, um die gesteckten Ziele zu erreichen. Die Umsetzung von Atlantropa hätte zweifellos zu einem Meilenstein in der Ingenieurkunst geführt, mit bahnbrechenden Technologien und Methoden, die die Bauindustrie revolutioniert hätten.

In diesem Abschnitt haben wir die faszinierende Welt der technischen Innovationen und Ingenieurkunst erkundet, die bei der Umsetzung von Atlantropa eine zentrale Rolle gespielt hätten. Die Ingenieure hätten Grenzen überschritten, neue Wege erkundet und die Zukunft der Bauindustrie geprägt.

Doch wie hätten sie diese Innovationen konkret angewendet, um die monumentalen Bauwerke von Atlantropa zu errichten? Dies werden wir in den kommenden Abschnitten genauer betrachten.

Abschnitt 5.5: Herausforderungen und Hindernisse

Kein gewaltiges Ingenieurprojekt kommt ohne Herausforderungen aus. Die Umsetzung von Atlantropa wäre zweifellos mit zahlreichen Hindernissen und Schwierigkeiten verbunden gewesen. Von der Bewältigung unvorhergesehener technischer Probleme bis zur Sicherstellung der Sicherheit der Arbeitskräfte – die Visionäre und Ingenieure hätten viele Hürden überwinden müssen. In diesem Abschnitt beleuchten wir die Herausforderungen, denen sie während der Bauphase gegenübergestanden hätten, und wie sie diese Hindernisse bewältigen könnten.

Die Ingenieure von Atlantropa hätten mit einer Vielzahl von Herausforderungen konfrontiert werden können. Beispielsweise hätten unerwartete geologische Bedingungen die Konstruktion der Dämme erschweren können. Die Entdeckung von unvorhergesehenen Felsformationen oder instabilem Boden hätte möglicherweise Anpassungen an den Bauplänen erfordert, um die Stabilität der Bauwerke sicherzustellen.

Auch die Logistik und der Transport von Materialien wären eine Herausforderung gewesen. Die notwendigen Baumaterialien müssten von weit entfernten Orten herangeschafft werden, was nicht nur Zeit, sondern auch erhebliche Ressourcen erfordert hätte. Die Planung und Organisation effizienter Lieferketten wären entscheidend gewesen, um Verzögerungen zu vermeiden.

Ein weiteres Hindernis könnte die Sicherheit der Arbeitskräfte sein. Der Bau solch gigantischer Strukturen würde gefährliche Arbeitsbedingungen mit sich bringen. Die Visionäre und Ingenieure hätten strenge Sicherheitsprotokolle entwickeln müssen, um das Wohl der Arbeiter zu gewährleisten und Unfälle zu minimieren.

Die politische Dimension hätte ebenfalls Herausforderungen mit sich gebracht. Die Zusammenarbeit zwischen den beteiligten Nationen und die Koordination von Ressourcen hätten diplomatisches Geschick erfordert. Unterschiedliche politische Interessen und Prioritäten könnten zu Verzögerungen und Komplikationen geführt haben.

Trotz all dieser Hindernisse hätten die Visionäre und Ingenieure wahrscheinlich innovative Lösungen gefunden, um diese Herausforderungen zu bewältigen.

Die Kreativität und Entschlossenheit, die sie an den Tag gelegt hätten, um Atlantropa Wirklichkeit werden zu lassen, wären bewundernswert gewesen.

In diesem Abschnitt haben wir die potenziellen Herausforderungen und Hindernisse beleuchtet, die bei der Umsetzung von Atlantropa auftreten könnten. Von technischen Schwierigkeiten über logistische Herausforderungen bis hin zu Sicherheitsbedenken – diese Abschnitte verdeutlichen die Komplexität eines solchen monumentalen Projekts. Doch wie hätten die Ingenieure und Visionäre diese Hürden konkret überwunden? Und wie hätte die erfolgreiche Bewältigung dieser Herausforderungen die Realisierung von Atlantropa geprägt? Diese Fragen werden uns in den kommenden Kapiteln begleiten.

Kapitel 6: Die sozialen Auswirkungen von Atlantropa

Die Verwirklichung von Atlantropa hätte nicht nur die geografische Landschaft verändert, sondern auch tiefgreifende soziale Veränderungen in den betroffenen Regionen ausgelöst. Die Schaffung neuer Landflächen, Städte und Infrastrukturen hätte das soziale Gefüge beeinflusst und vielfältige Auswirkungen auf die Bevölkerung gehabt. In diesem Kapitel betrachten wir die sozialen Veränderungen, die Atlantropa mit sich gebracht hätte, und wie diese das Leben der Menschen in den betroffenen Gebieten transformiert hätten.

Abschnitt 6.1: Zuwanderung und Bevölkerungsverschiebung

Die Schaffung neuer Landflächen und Städte hätte zweifellos eine Zuwanderung von Menschen aus verschiedenen Regionen zur Folge gehabt. Menschen, die auf der Suche nach neuen Möglichkeiten und einer besseren Zukunft waren, hätten sich in den neu geschaffenen Gebieten niedergelassen. Dies hätte zu einer Verschiebung von Bevölkerungsgruppen geführt und das soziale Gefüge der betroffenen Regionen grundlegend verändert. Wir untersuchen, wie diese Zuwanderung das Zusammenleben der verschiedenen Kulturen und Gemeinschaften beeinflusst hätte.

Die Schaffung von Atlantropa hätte zweifellos eine massive Zuwanderung von Menschen aus Europa, Afrika und anderen Teilen der Welt angezogen. Die neu entstandenen Landflächen und Städte hätten eine einzigartige Gelegenheit für Menschen dargestellt, die in wirtschaftlicher Armut oder politischer Instabilität lebten. Die Aussicht auf Land, Ressourcen und Chancen zur Verbesserung ihrer Lebensbedingungen hätte zahlreiche Menschen dazu bewegt, sich in den neuen Gebieten niederzulassen.

Diese Zuwanderung hätte zwangsläufig zu einer Verschiebung von Bevölkerungsgruppen geführt. Menschen unterschiedlicher ethnischer, kultureller und sozialer Hintergründe hätten sich zusammengefunden, um die neu entstehenden Gemeinschaften zu bilden. Diese Vielfalt könnte sowohl Bereicherung als auch Herausforderung bedeuten, da das Zusammenleben verschiedener Kulturen und Lebensweisen nicht immer konfliktfrei ist.

Die Visionäre von Atlantropa hätten vor der Aufgabe gestanden, ein soziales und politisches System zu entwickeln, das die Bedürfnisse und Rechte der unterschiedlichen Bevölkerungsgruppen respektiert. Die Integration und Koexistenz von Menschen aus verschiedenen Teilen der Welt hätte die Schaffung neuer Identitäten und Gemeinschaften gefördert. Gleichzeitig wären auch Spannungen und Konflikte zwischen den Zuwanderern und den ursprünglichen Bewohnern wahrscheinlich gewesen.

Die Veränderung des sozialen Gefüges und die Herausforderungen der Integration hätten die Visionäre und Ingenieure vor komplexe Aufgaben gestellt. Die Schaffung eines inklusiven und gerechten Systems zur Bewältigung dieser Herausforderungen wäre von entscheidender Bedeutung gewesen, um das soziale Gleichgewicht in den neuen Gebieten zu wahren.

In diesem Abschnitt haben wir die potenziellen Auswirkungen der Zuwanderung und Bevölkerungsverschiebung infolge der Schaffung von Atlantropa betrachtet. Von der Bildung neuer Gemeinschaften bis hin zur Integration verschiedener Kulturen – diese Aspekte verdeutlichen, wie die soziale Landschaft der betroffenen Regionen sich grundlegend verändert hätte. Doch wie hätten die Visionäre und Ingenieure diese sozialen Herausforderungen bewältigt? Und wie hätten die neuen Gemeinschaften miteinander interagiert und koexistiert? Diese Fragen werden uns in den folgenden Kapiteln begleiten.

Abschnitt 6.2: Entstehung neuer Städte und sozialer Strukturen

Die Errichtung neuer Städte und Infrastrukturen hätte eine völlig neue städtische Umgebung geschaffen. Wie würden diese Städte gestaltet sein? Welche sozialen Strukturen und Gemeinschaften würden sich darin entwickeln? Die Gründung von Städten, die auf modernen Prinzipien basieren, hätte Einfluss auf Bildung, Gesundheitswesen, Wohnen und Arbeitsmöglichkeiten gehabt. In diesem Abschnitt betrachten wir die Entstehung neuer sozialer Strukturen und wie sie das tägliche Leben der Menschen geprägt hätten.

Die neu geschaffenen Städte von Atlantropa wären ein Experiment in der urbanen Planung und Gestaltung gewesen. Die Visionäre und Ingenieure hätten die Möglichkeit gehabt, Städte von Grund auf neu zu konzipieren, unter Berücksichtigung moderner Prinzipien der Nachhaltigkeit, Funktionalität und Ästhetik. Diese Städte hätten großzügige Grünflächen, moderne Infrastrukturen und fortschrittliche Architektur aufweisen können.

In diesen Städten wären neue soziale Strukturen entstanden. Die Visionäre hätten die Gelegenheit genutzt, um inklusive Gesellschaften zu schaffen, in denen Bildung, Gesundheitswesen und Arbeitsmöglichkeiten für alle zugänglich wären. Die neu geschaffenen Städte hätten Raum für kulturelle Vielfalt und soziale Integration geboten, und innovative Bildungseinrichtungen und Gemeinschaftszentren hätten zur Förderung des Miteinanders beigetragen.

Die sozialen Strukturen in den neuen Städten hätten sich im Laufe der Zeit entwickelt. Unterschiedliche Gemeinschaften und Gruppen hätten sich gebildet, wobei Menschen aus verschiedenen Teilen der Welt zusammengekommen wären. Die Zusammenarbeit zwischen diesen Gemeinschaften und die Förderung des interkulturellen Austauschs hätten die Grundlage für eine harmonische Koexistenz gelegt.

Die Visionäre hätten sicherstellen müssen, dass diese neuen sozialen Strukturen auf Gleichheit, Gerechtigkeit und Nachhaltigkeit basieren. Die Schaffung von Wohnraum, der den Bedürfnissen der Bevölkerung gerecht wird, und die Förderung von Arbeitsplätzen und wirtschaftlicher Entwicklung wären Schlüsselaspekte gewesen. Gleichzeitig hätten sie ethische Fragen im Zusammenhang mit Gentrifizierung, sozialer Ausgrenzung und Umweltauswirkungen berücksichtigen müssen.

In diesem Abschnitt haben wir die potenzielle Entstehung neuer Städte und sozialer Strukturen in Atlantropa erkundet. Von der urbanen Planung bis zur Förderung des sozialen Zusammenhalts – diese Aspekte verdeutlichen, wie die Visionäre und Ingenieure das tägliche Leben der Menschen gestaltet hätten. Doch wie hätten sie sicherstellen können, dass diese Städte inklusiv, nachhaltig und gerecht sind? Und wie hätten die Bewohner diese neuen Lebensumgebungen erlebt? Diese Fragen werden uns in den folgenden Kapiteln begleiten.

Abschnitt 6.3: Bildung und Kulturwandel

Die Umsetzung von Atlantropa hätte nicht nur physische Veränderungen gebracht, sondern auch eine Veränderung des kulturellen und bildungstechnischen Umfelds. Mit dem Aufbau neuer Städte und Bildungseinrichtungen hätten sich auch neue Bildungsmöglichkeiten eröffnet. Die kulturelle Vielfalt und der Austausch zwischen verschiedenen Gemeinschaften hätten zu einem Wandel in Denkweise und kulturellen Ausdrucksformen geführt. In diesem Abschnitt erkunden wir, wie Atlantropa den Bildungsbereich und die kulturelle Identität der Regionen beeinflusst hätte.

Die neu geschaffenen Städte von Atlantropa wären nicht nur architektonische Meisterwerke gewesen, sondern auch Zentren des Wissens und der Bildung. Die Visionäre hätten Bildungseinrichtungen entworfen, die auf modernsten pädagogischen Prinzipien basieren, und innovative Lehrmethoden eingeführt, um eine qualitativ hochwertige Bildung für alle Altersgruppen zu gewährleisten. Von Grundschulen bis zu Universitäten hätten diese Einrichtungen eine breite Palette von Fächern und Disziplinen angeboten.

Der kulturelle Austausch zwischen den verschiedenen Gemeinschaften, die in den neuen Städten zusammenkommen würden, hätte zu einem Wandel in Denkweise und kultureller Identität geführt.

Menschen aus unterschiedlichen Teilen der Welt hätten ihre kulturellen Traditionen, Sprachen und Lebensweisen miteinander geteilt und dabei eine reiche Mischung aus kulturellen Ausdrucksformen geschaffen. Dieser kulturelle Reichtum hätte die Grundlage für eine dynamische und vielfältige Gesellschaft gebildet.

Die Förderung der Kreativität und des kulturellen Austauschs hätte zu einer Blütezeit der Kunst, Literatur, Musik und des kulturellen Erbes geführt. Neue Kunstbewegungen, literarische Werke und musikalische Kompositionen hätten entstehen können, inspiriert von der Begegnung unterschiedlicher kultureller Einflüsse. Dieser Kulturwandel hätte das kulturelle Erbe der Regionen bereichert und zu einem kreativen Aufbruch geführt.

Gleichzeitig hätten die Bildungseinrichtungen die Möglichkeit gehabt, Werte wie Toleranz, Respekt und Zusammenarbeit zu fördern. Die Schülerinnen und Schüler wären mit der Vielfalt der Welt konfrontiert gewesen und hätten gelernt, interkulturelle Kompetenzen zu entwickeln. Dies hätte dazu beigetragen, Vorurteile abzubauen und eine offene und inklusive Gesellschaft zu formen.

In diesem Abschnitt haben wir erkundet, wie die Umsetzung von Atlantropa den Bildungsbereich und die kulturelle Identität der Regionen beeinflusst hätte.

Von innovativen Bildungseinrichtungen bis hin zu einem kulturellen Wandel durch den Austausch verschiedener Gemeinschaften – diese Aspekte verdeutlichen, wie die Visionäre und Ingenieure das geistige und kulturelle Leben der Menschen gestaltet hätten. Doch wie hätten diese Veränderungen die Gesellschaft insgesamt beeinflusst? Und wie hätten die Menschen auf diese neuen Bildungsmöglichkeiten und kulturellen Einflüsse reagiert? Diese Fragen werden uns in den folgenden Kapiteln begleiten.

Abschnitt 6.4: Arbeitsmöglichkeiten und Wirtschaftswandel

Die Schaffung neuer Landflächen und Städte hätte auch neue Arbeitsmöglichkeiten mit sich gebracht. Die Infrastrukturprojekte, der Aufbau der Städte und die Entwicklung der Wirtschaftszweige hätten zahlreiche Arbeitsplätze geschaffen. Gleichzeitig wären neue Herausforderungen im Zusammenhang mit der Anpassung an die veränderten wirtschaftlichen Bedingungen aufgetreten. In diesem Abschnitt betrachten wir die wirtschaftlichen Auswirkungen von Atlantropa und wie sich die Arbeitsmöglichkeiten und der Wirtschaftswandel auf die Menschen ausgewirkt hätten.

Die umfangreichen Bauprojekte von Atlantropa hätten einen enormen Bedarf an Arbeitskräften ausgelöst. Ingenieure, Bauarbeiter, Architekten, Handwerker und viele andere Fachkräfte wären benötigt worden, um die geplanten Bauwerke und Infrastrukturen zu realisieren. Dies hätte nicht nur kurzfristige Beschäftigungsmöglichkeiten geschaffen, sondern auch langfristige Arbeitsverhältnisse in den neu entstandenen Städten und Wirtschaftszweigen.

Mit der Entwicklung der Städte und der Entstehung neuer Wirtschaftszweige wären auch neue Berufsfelder entstanden. Die Urbanisierung hätte zu einer Vielfalt von Beschäftigungsmöglichkeiten geführt – von Dienstleistungen und Handel bis hin zu Bildung, Gesundheitswesen, Kultur und Tourismus. Die Menschen hätten die Chance gehabt, ihre Talente und Fähigkeiten in verschiedenen Branchen einzusetzen und innovative Geschäftsideen zu entwickeln.

Gleichzeitig wären jedoch auch Anpassungen erforderlich gewesen. Die Transformation der Wirtschaftsstruktur hätte einige Regionen von alten Industrien und Traditionen entkoppelt und sie neuen wirtschaftlichen Realitäten ausgesetzt. Dies hätte die Notwendigkeit zur Umschulung und Qualifizierung vieler Arbeitskräfte mit sich gebracht.

Die Regierungen und Bildungseinrichtungen hätten Programme entwickeln müssen, um den Menschen die Fähigkeiten zu vermitteln, die sie in der sich wandelnden Arbeitswelt benötigt hätten.

Der Wandel der Arbeitsmöglichkeiten und Wirtschaftsstrukturen hätte auch soziale Auswirkungen gehabt. Die Verteilung von Wohlstand, Chancen und Ressourcen hätte sich verändert. Die Herausforderung bestünde darin, sicherzustellen, dass die positiven Auswirkungen der Veränderung gerecht auf die Bevölkerung verteilt werden und niemand zurückgelassen wird.

In diesem Abschnitt haben wir die wirtschaftlichen Auswirkungen von Atlantropa betrachtet. Von der Schaffung neuer Arbeitsplätze und Wirtschaftszweige bis hin zur Herausforderung des wirtschaftlichen Wandels – diese Aspekte verdeutlichen, wie die Verwirklichung dieses gigantischen Projekts das wirtschaftliche Leben und die Arbeitsmöglichkeiten der Menschen in den betroffenen Regionen beeinflusst hätte. Doch wie hätten die Menschen auf diese Veränderungen reagiert? Und wie hätten sie ihre wirtschaftliche Sicherheit und Zukunft in dieser neuen Welt aufgebaut? Diese Fragen werden uns in den folgenden Kapiteln begleiten.

Kapitel 7: Kultureller Austausch und Identitätsverschiebungen

Die Vision von Atlantropa hätte nicht nur die geografische und soziale Landschaft verändert, sondern auch einen kulturellen Schmelztiegel geschaffen, in dem Menschen verschiedener Nationen und Kulturen zusammenkommen würden. In diesem Kapitel erforschen wir die kulturellen Veränderungen, die durch die Zusammenführung unterschiedlicher Gesellschaften und Nationen innerhalb Atlantropas entstanden wären. Wir betrachten die Entstehung neuer kultureller Strömungen, die Vermischung von Traditionen und den kreativen Austausch, der sich aus dieser einzigartigen Situation ergeben hätte.

Abschnitt 7.1: Eine neue kulturelle Landschaft

Die Konvergenz von Menschen aus verschiedenen Regionen hätte zweifellos eine neue kulturelle Landschaft geschaffen. Die Vielfalt der Traditionen, Sprachen, Bräuche und kulinarischen Köstlichkeiten hätte zu einem reichhaltigen kulturellen Erbe geführt. Neue Kunstformen, Musikrichtungen, literarische Werke und kulturelle Ausdrucksformen wären entstanden. In diesem Abschnitt beleuchten wir die Entstehung neuer kultureller Strömungen und wie sie das kreative Schaffen innerhalb Atlantropas geprägt hätten.

Die kulturelle Vielfalt, die durch die Zuwanderung und Bevölkerungsverschiebung entstanden wäre, hätte eine einzigartige Atmosphäre geschaffen. Menschen aus unterschiedlichen Hintergründen hätten sich miteinander vermischt, und diese kulturelle Mischung hätte eine Atmosphäre der Offenheit und Toleranz geschaffen. Die Menschen hätten die Möglichkeit gehabt, voneinander zu lernen, sich inspirieren zu lassen und neue Perspektiven zu entwickeln.

In der Kunstwelt wären neue Strömungen aufgetaucht, die von den vielfältigen Einflüssen geprägt wären. Künstlerinnen und Künstler hätten ihre Werke mit den unterschiedlichen kulturellen Elementen verwoben, um eine neue Ästhetik zu schaffen. Dies hätte zu einer kreativen Explosion geführt, bei der verschiedene Stile und Ausdrucksformen miteinander verschmelzen.

Die Musikszene hätte sich ebenfalls stark verändert. Neue Klänge und Rhythmen wären entstanden, die die kulturelle Vielfalt widerspiegeln würden. Traditionelle Melodien hätten sich mit modernen Einflüssen vereint, und die musikalische Landschaft hätte sich zu einem Spiegelbild der kulturellen Fusion entwickelt.

Auch die Literatur hätte von dieser kulturellen Mischung profitiert. Autorinnen und Autoren hätten Geschichten geschrieben, die die Erfahrungen und Lebensweisen der verschiedenen Gemeinschaften einfangen. Dies hätte zu einer reichhaltigen literarischen Landschaft geführt, in der verschiedene Stimmen und Perspektiven miteinander verschmelzen.

Neben Kunst, Musik und Literatur hätte auch die kulinarische Szene von Atlantropa von der kulturellen Vielfalt profitiert. Neue Gerichte und Geschmackserlebnisse wären entstanden, die die verschiedenen kulinarischen Traditionen in sich vereinen. Die Gastronomie hätte zu einem Ort der Begegnung und des Austauschs zwischen den Kulturen werden können.

In diesem Abschnitt haben wir die Entstehung einer neuen kulturellen Landschaft betrachtet, die durch die Konvergenz von Menschen aus verschiedenen Regionen entstanden wäre.

Von Kunst über Musik bis hin zur Literatur und Gastronomie – diese kulturellen Strömungen hätten Atlantropa zu einem Schmelztiegel der Kreativität gemacht. Doch wie hätten die Menschen ihre kulturelle Identität in dieser vielfältigen Umgebung definiert? Und wie hätten sie ihre Gemeinschaften und Traditionen in dieser neuen Welt bewahrt und weiterentwickelt? Diese Fragen werden uns in den folgenden Kapiteln begleiten.

Abschnitt 7.2: Die Vermischung von Traditionen

Die Begegnung und Vermischung unterschiedlicher Traditionen hätte zu einer dynamischen kulturellen Interaktion geführt. Wie hätten Menschen aus verschiedenen Kulturen ihre Bräuche miteinander verschmolzen? Wie hätten sie ihre Traditionen bewahrt und gleichzeitig neue Ausdrucksformen gefunden? Diese kulturelle Fusion hätte das Potenzial gehabt, neue Identitäten und kulturelle Ausdrucksformen hervorzubringen. In diesem Abschnitt untersuchen wir, wie die Vermischung von Traditionen den kulturellen Reichtum innerhalb Atlantropas bereichert hätte.

Die kulturelle Vermischung in Atlantropa hätte eine reiche Palette an Möglichkeiten geboten, Traditionen miteinander zu verknüpfen und neu zu interpretieren. Menschen aus verschiedenen kulturellen Hintergründen hätten Bräuche, Rituale, Feste und sogar Sprachen miteinander geteilt.

Dieser Austausch hätte zu einer lebendigen kulturellen Landschaft geführt, in der Elemente aus verschiedenen Traditionen aufeinandertreffen und verschmelzen.

Traditionelle Feste und Feiern hätten eine neue Dimension erhalten. Menschen hätten gemeinsam Feste gefeiert, bei denen Elemente aus verschiedenen Kulturen kombiniert worden wären. Dies hätte zu einzigartigen und bunten Veranstaltungen geführt, die die Vielfalt und Kreativität der Bewohner von Atlantropa widerspiegeln.

Auch die Kunst hätte von der Vermischung der Traditionen profitiert. Künstlerinnen und Künstler hätten traditionelle Stile und Techniken aus verschiedenen Kulturen aufgegriffen und neu interpretiert. Dies hätte zu neuen Kunstformen geführt, die die Grenzen zwischen den kulturellen Strömungen verschwimmen lassen.

Die kulinarische Szene wäre ein weiteres Beispiel für die Vermischung von Traditionen gewesen. Menschen hätten Gerichte aus verschiedenen Ländern und Regionen miteinander kombiniert, um neue Geschmackserlebnisse zu schaffen. Diese Fusion der Aromen hätte zu einer einzigartigen gastronomischen Landschaft geführt.

Die Vermischung von Traditionen hätte auch zu einer Weiterentwicklung der Sprachen geführt. Durch den Kontakt zwischen verschiedenen Sprachgruppen hätten sich neue Wortschätze und Ausdrucksformen entwickelt. Die Sprache selbst hätte zu einem Instrument der kulturellen Interaktion und des Austauschs werden können.

Insgesamt hätte die kulturelle Vermischung innerhalb Atlantropas zu einer reichhaltigen und vielfältigen kulturellen Landschaft geführt. Die Bewohner hätten die Möglichkeit gehabt, aus den besten Elementen ihrer eigenen Traditionen zu schöpfen und gleichzeitig neue Identitäten und Ausdrucksformen zu entwickeln. Doch wie hätten die Menschen die Balance zwischen der Bewahrung ihrer Wurzeln und der Annahme neuer Einflüsse gefunden? Und wie hätten sie die kulturelle Vermischung als eine Quelle der Stärke und des Zusammenhalts genutzt? Diese Fragen werden uns in den kommenden Kapiteln begleiten.

Abschnitt 7.3: Der kreative Austausch

Die Begegnung von Menschen mit unterschiedlichen Perspektiven und kreativen Ansätzen hätte zu einem regen kulturellen Austausch geführt. Künstler, Schriftsteller, Musiker und Denker hätten ihre Ideen und Inspirationen miteinander geteilt, was zu einer kulturellen Blütezeit geführt hätte. Neue Kunstbewegungen, Literaturströmungen und musikalische Genres wären entstanden, die das kulturelle Leben in Atlantropa bereichert hätten. In diesem Abschnitt erforschen wir den kreativen Austausch und wie er die kulturelle Szene innerhalb Atlantropas beeinflusst hätte.

Der kreative Austausch in Atlantropa hätte eine lebendige und inspirierende Atmosphäre geschaffen. Menschen mit unterschiedlichen kreativen Talenten und Hintergründen hätten sich in den neu entstandenen Städten zusammengefunden, um Ideen auszutauschen, gemeinsam Projekte zu realisieren und voneinander zu lernen.

In der Kunstszene wären neue Bewegungen und Stile entstanden.

Künstlerinnen und Künstler hätten sich gegenseitig beeinflusst und inspiriert, was zu einer Vielzahl von Kunstwerken geführt hätte, die die Bandbreite menschlicher Kreativität widerspiegeln. Verschiedene Kunstformen, von Malerei über Skulptur bis hin zur Installation, hätten sich in neuen und aufregenden Richtungen entwickelt.

Die Literaturszene wäre ebenfalls von einem fruchtbaren Austausch geprägt gewesen. Autorinnen und Autoren hätten in ihren Werken verschiedene kulturelle Einflüsse vereint und neue Erzählweisen erkundet. Literarische Strömungen hätten sich gebildet, die die Komplexität und Tiefe der menschlichen Erfahrung in Atlantropa reflektieren würden.

Die Musik hätte eine einzigartige Klangvielfalt erfahren. Musikerinnen und Musiker aus verschiedenen Traditionen hätten ihre Klänge und Rhythmen miteinander kombiniert, um innovative musikalische Genres zu schaffen. Konzerte und Aufführungen wären Plattformen gewesen, auf denen die kulturelle Fusion hörbar geworden wäre.

Der kreative Austausch hätte auch Denkerinnen und Denker aus verschiedenen Disziplinen zusammengebracht. Intellektuelle hätten sich in Debatten und Diskussionen über Fragen der Ethik, Philosophie, Wissenschaft und Gesellschaft engagiert.

Neue Theorien und Ideen hätten dazu beigetragen, das intellektuelle Klima von Atlantropa zu prägen.

Insgesamt hätte der kreative Austausch eine Atmosphäre des Lernens, Wachsens und Entdeckens geschaffen. Menschen hätten sich gegenseitig inspiriert und motiviert, ihre Grenzen zu erweitern und innovative Werke zu schaffen. Doch wie hätten die Kulturschaffenden diese Zusammenarbeit gestaltet? Und wie hätten sie die Herausforderungen und Chancen des kreativen Austauschs genutzt, um eine lebendige und dynamische Kulturszene in Atlantropa zu schaffen? Diese Fragen werden uns in den folgenden Kapiteln begleiten.

Abschnitt 7.4: Identitätsverschiebungen und Zusammenhalt

Die kulturelle Vielfalt und der Austausch hätten zweifellos auch zu Identitätsverschiebungen geführt. Menschen hätten neue Wege gefunden, ihre Identität zu definieren, die nicht nur auf nationalen oder regionalen Grenzen beruhen würden. Die Begegnung mit verschiedenen Kulturen und Traditionen hätte individuelle und kollektive Identitäten auf spannende und dynamische Weise beeinflusst.

Die Menschen wären herausgefordert worden, ihre eigenen Werte und Traditionen in einem neuen Kontext zu sehen. Die Zusammenführung von unterschiedlichen Bräuchen und Gewohnheiten hätte zu einem reichen kulturellen Erbe geführt, das die Vielfalt der menschlichen Erfahrung in Atlantropa widerspiegeln würde.

Gleichzeitig hätte der kulturelle Austausch den Zusammenhalt zwischen den verschiedenen Gemeinschaften stärken können. Menschen, die zuvor unterschiedlichen Kulturen angehörten, hätten gemeinsam an der Erschaffung einer neuen Welt gearbeitet. Diese gemeinsame Anstrengung hätte das Potenzial, Vorurteile abzubauen und ein Gefühl der Solidarität zu fördern.

In den neu gegründeten Städten und Gemeinschaften hätten Menschen unterschiedlicher Herkunft zusammengelebt und voneinander gelernt. Sie hätten sich in kulturellen Veranstaltungen, Festen und Aktivitäten getroffen, um ihre Vielfalt zu feiern und gleichzeitig eine neue, gemeinsame Identität zu formen.

Die Identitätsverschiebungen wären nicht immer ohne Herausforderungen verlaufen. Menschen könnten mit Unsicherheiten darüber konfrontiert werden, wie sie sich in dieser neuen, vielfältigen Gesellschaft positionieren.

Doch diese Herausforderungen hätten auch die Gelegenheit geboten, neue Perspektiven zu gewinnen und die eigenen Überzeugungen zu überdenken.

Insgesamt hätte der Prozess der Identitätsverschiebung und des kulturellen Zusammenhalts dazu beigetragen, eine offene, inklusive und dynamische Gesellschaft in Atlantropa zu schaffen. Doch wie hätten die Menschen persönlich auf diese Identitätsverschiebungen reagiert? Und wie hätten sie gemeinsam an einer neuen kulturellen Identität gearbeitet, die auf Vielfalt und Zusammenhalt basiert? Diese Fragen werden uns in den folgenden Kapiteln begleiten.

Kapitel 8: Ökologische Folgen und Klimaauswirkungen

Die Umsetzung von Atlantropa hätte nicht nur soziale, kulturelle und wirtschaftliche Veränderungen gebracht, sondern auch erhebliche ökologische Auswirkungen auf die umliegende Umwelt, die Meeresökologie und das Klima gehabt. In diesem Kapitel widmen wir uns den komplexen ökologischen Folgen, die mit der Realisierung dieses monumentalen Projekts verbunden gewesen wären. Wir betrachten die positiven und negativen Auswirkungen auf Flora, Fauna und das Gleichgewicht der Natur.

Abschnitt 8.1: Eingriff in die natürliche Umwelt

Die Verwirklichung des Atlantropa-Traums hätte zweifellos einen tiefgreifenden Eingriff in die natürliche Umwelt dargestellt. Die geografischen Veränderungen, die mit der Trockenlegung des Mittelmeers und der Umleitung von Wasserläufen einhergegangen wären, hätten erhebliche Auswirkungen auf die umliegenden Ökosysteme gehabt. Diese Veränderungen hätten sowohl die Flora als auch die Fauna der Regionen beeinflusst und ein komplexes ökologisches Dominoeffekt ausgelöst.

Die Trockenlegung des Mittelmeers hätte zur Entstehung neuer Landflächen geführt, aber gleichzeitig wären große Wasserflächen verschwunden. Feuchtgebiete, Küstengebiete und Flussläufe, die einst von Wasser geprägt waren, wären radikal verändert worden. Diese Veränderungen hätten einen erheblichen Einfluss auf die Lebensräume zahlreicher Tier- und Pflanzenarten gehabt, die an diese spezifischen Umweltbedingungen angepasst waren.

Die Umweltverschiebungen hätten zur Folge gehabt, dass einige Arten ihre natürlichen Lebensräume verloren hätten, während andere in den neu entstandenen Gebieten neue Nischen gefunden hätten.

Die Anpassung an die veränderten Bedingungen hätte viele Arten vor Herausforderungen gestellt, da sie sich an neue Nahrungsquellen, klimatische Bedingungen und Konkurrenzverhältnisse hätten anpassen müssen.

Gleichzeitig hätte der Mensch eine aktive Rolle in der Gestaltung der neuen Umwelt gespielt. Die Planung und Schaffung neuer Städte, Landflächen und Wasserstraßen hätten gezielte Eingriffe in die Natur erfordert. Die Auswahl von Pflanzenarten für die Gestaltung von Landschaften, die Schaffung von Parks und Grünflächen sowie die Erhaltung von Naturreservaten wären wichtige Aspekte gewesen, um ökologisches Gleichgewicht und Biodiversität zu bewahren.

Die Ingenieure und Umweltschützer hätten vor der Herausforderung gestanden, die ökologischen Auswirkungen ihrer Handlungen sorgfältig abzuwägen. Ein umfassendes Verständnis der Zusammenhänge zwischen verschiedenen Arten, Lebensräumen und Umweltfaktoren wäre notwendig gewesen, um negative Konsequenzen zu minimieren.

Insgesamt hätte der Eingriff in die natürliche Umwelt durch Atlantropa zweifellos weitreichende ökologische Veränderungen mit sich gebracht.

Der Mensch hätte nicht nur die Möglichkeit gehabt, die Umwelt zu gestalten, sondern auch die Verantwortung, dies mit Bedacht und Rücksichtnahme auf die bestehenden Ökosysteme zu tun. Doch wie hätten die Menschen die ökologischen Herausforderungen bewältigt? Und wie hätte sich die Umwelt im Laufe der Zeit an die neuen Bedingungen angepasst? Diese Fragen werden uns in den folgenden Kapiteln begleiten.

Abschnitt 8.2: Meeresökologie und marine Lebensräume

Die Trockenlegung eines Teils des Mittelmeers und die Schaffung neuer Landflächen hätten zweifellos erhebliche Auswirkungen auf die Meeresökologie und die marinen Lebensräume gehabt. Die Veränderungen im Ökosystem des Meeres hätten sich auf vielfältige Weise auf die darin lebenden Organismen ausgewirkt.

Der Salzgehalt des Meereswassers ist ein entscheidender Faktor für das Gleichgewicht der Meeresökosysteme. Die Trockenlegung von Teilen des Mittelmeers hätte zur Verdünnung des Salzgehalts geführt, was wiederum die Zusammensetzung der Arten und Populationen beeinflusst hätte.

Arten, die an bestimmte Salinitätsniveaus angepasst sind, hätten Schwierigkeiten gehabt, sich an die neuen Bedingungen anzupassen. Dies hätte wiederum Auswirkungen auf die Nahrungsketten und die Dynamik der Meereslebensräume gehabt.

Die Verschiebung von Meeresströmungen infolge der Veränderungen in der geografischen Landschaft hätte ebenfalls zu Veränderungen in den marinen Lebensräumen geführt. Meeresströmungen transportieren Nährstoffe, Larven und Plankton und beeinflussen somit die Verbreitung von Arten. Die Umleitung dieser Strömungen hätte das Muster der Nahrungsketten und den Lebenszyklus vieler Meeresbewohner gestört.

Besonders betroffen wären Küstengebiete und Korallenriffe gewesen. Die Schaffung neuer Landflächen hätte zur Verschlechterung von Küstenlebensräumen geführt, die für viele Arten als Kinderstube und Nahrungsquelle dienen. Korallenriffe, die empfindlich auf Veränderungen im Umfeld reagieren, hätten durch den Eingriff in die Meeresumwelt Schaden genommen. Die Veränderung der Wassertiefe und der Meeresströmungen hätte die Gesundheit der Korallen gefährdet und das gesamte Ökosystem bedroht.

Um die marinen Lebensräume und die Meeresökologie zu schützen, hätten umfassende ökologische Untersuchungen und Überwachungsmaßnahmen erforderlich sein, um die Auswirkungen des Eingriffs in die Meeresumwelt zu verstehen und angemessene Schutzmaßnahmen zu ergreifen. Die Ingenieure und Umweltschützer hätten eine zentrale Rolle dabei gespielt, die ökologischen Folgen abzuschätzen und nachhaltige Lösungen zu finden, um die Meeresökosysteme zu bewahren.

Die Veränderungen in der Meeresökologie wären untrennbar mit den Veränderungen an Land verbunden gewesen. Der Mensch hätte nicht nur die Geografie über Wasser gestaltet, sondern auch die Bedingungen unter Wasser beeinflusst. Doch wie hätten die Menschen die Balance zwischen menschlichen Bedürfnissen und dem Schutz der marinen Lebensräume gefunden? Und wie hätten sie den langfristigen Erhalt der Meeresökosysteme sichergestellt? Diese Fragen werden uns in den folgenden Kapiteln begleiten.

Abschnitt 8.3: Klimaauswirkungen und globales Gleichgewicht

Die massive Umgestaltung der geografischen Landschaft durch Atlantropa hätte zweifellos potenzielle Klimaauswirkungen auf die Region und möglicherweise sogar auf globale Ebene gehabt. Die Veränderungen in den Wasserläufen, der Landnutzung und der Vegetation hätten das Klimamuster beeinflussen können, was wiederum weitreichende Konsequenzen für das ökologische Gleichgewicht gehabt hätte.

Eine der ersten Auswirkungen könnte auf die Niederschlagsmuster zurückzuführen sein. Die Umleitung von Wasserläufen und die Schaffung neuer Landflächen hätten die Verdunstungsraten und Feuchtigkeitsniveaus verändert, was zu Veränderungen in den Regenfällen geführt hätte. Trockengebiete könnten feuchter werden, während ehemals feuchte Regionen trockener werden könnten. Diese Verschiebungen hätten sowohl Auswirkungen auf die landwirtschaftliche Produktion als auch auf die Ökosysteme gehabt.

Die Veränderungen in der Vegetation und Landnutzung hätten auch die Reflexion von Sonnenstrahlen und die Absorption von Wärme beeinflusst, was das lokale Mikroklima beeinflusst hätte.

Die Schaffung neuer Landflächen hätte die Oberflächeneigenschaften verändert und somit das lokale Wärmeaustauschverhalten verändert. Dies könnte zu Temperaturänderungen in den betroffenen Gebieten geführt haben.

Langfristig könnten die klimatischen Veränderungen durch Atlantropa auch globale Auswirkungen gehabt haben. Regionale Veränderungen in den Niederschlagsmustern könnten die Ozeanzirkulation beeinflusst haben, was wiederum das globale Klimamuster beeinflusst. Eine Veränderung der Meeresströmungen hätte Auswirkungen auf die Verteilung von Wärme und Nährstoffen in den Ozeanen gehabt, was das globale Klimasystem beeinflussen könnte.

Die Ingenieure und Wissenschaftler hätten eine wichtige Rolle dabei gespielt, die potenziellen Klimaauswirkungen von Atlantropa zu analysieren und Vorhersagen über die Konsequenzen zu treffen. Die genaue Modellierung der Veränderungen in der Geografie, Hydrologie und Vegetation hätte dazu beigetragen, mögliche Szenarien zu verstehen und Strategien zu entwickeln, um die Auswirkungen zu minimieren.

Die Verbindung zwischen der geografischen Umgestaltung und den Klimaauswirkungen hätte verdeutlicht, wie eng die verschiedenen Aspekte des Ökosystems miteinander verknüpft sind.

Die Visionäre und Ingenieure hätten nicht nur die physische Umgebung gestaltet, sondern auch die potenziellen Veränderungen im Klima und im ökologischen Gleichgewicht berücksichtigen müssen. Doch wie hätten sie die Balance zwischen menschlichen Bedürfnissen und dem Schutz des globalen Klimas gefunden? Und wie hätten sie die langfristigen ökologischen Auswirkungen bewertet und adressiert? Diese Fragen werden uns in den folgenden Kapiteln begleiten.

Abschnitt 8.4: Balance zwischen Nutzen und Schaden

Die Verwirklichung von Atlantropa hätte zweifellos eine komplexe Abwägung zwischen den potenziellen Vorteilen für die Gesellschaft und den negativen ökologischen Auswirkungen erfordert. Die Visionäre und Ingenieure hätten sich mit der Frage auseinandersetzen müssen, wie sie den größtmöglichen Nutzen aus ihren technologischen Innovationen ziehen könnten, ohne dabei die natürliche Umwelt und das ökologische Gleichgewicht zu gefährden.

Auf der positiven Seite hätte Atlantropa die Schaffung neuer Landflächen und Siedlungsgebiete ermöglicht. Dies hätte Raum für Bevölkerungswachstum, Landwirtschaft, Industrie und städtische Entwicklung geschaffen.

Die verbesserten Lebensbedingungen und wirtschaftlichen Chancen hätten das Leben vieler Menschen positiv beeinflussen können. Die neuen Infrastrukturen und Ressourcen hätten auch die Grundlage für wirtschaftlichen Fortschritt und soziale Entwicklung gelegt.

Jedoch hätten diese Vorteile auch mit Risiken und Schattenseiten einhergehen können. Der massive Eingriff in die natürliche Umwelt hätte potenziell irreversible Schäden an empfindlichen Ökosystemen verursachen können. Die Trockenlegung des Mittelmeers und die Umleitung von Wasserläufen hätten Auswirkungen auf Feuchtgebiete, Küstengebiete und marine Lebensräume gehabt. Der Verlust von Ökosystemen hätte negative Konsequenzen für die Biodiversität und das Gleichgewicht der Natur gehabt.

Die Visionäre und Ingenieure hätten daher eine sorgfältige Risikoabschätzung durchführen müssen, um die potenziellen negativen Folgen zu minimieren. Dies hätte den Einsatz fortschrittlicher Technologien zur Überwachung der Umweltauswirkungen, die Anwendung nachhaltiger Bau- und Landwirtschaftspraktiken sowie die Entwicklung von Strategien zur Wiederherstellung und Erhaltung der Ökosysteme erfordert.

Die Balance zwischen Nutzen und Schaden hätte nicht nur ökologische, sondern auch ethische und gesellschaftliche Aspekte berücksichtigen müssen. Die Frage nach der Verantwortung gegenüber der Natur und zukünftigen Generationen hätte eine wichtige Rolle gespielt. Die Abwägung zwischen kurzfristigen Vorteilen und langfristiger Nachhaltigkeit hätte die Grundlage für die Entscheidungen und Maßnahmen gebildet.

Wie hätten die Visionäre und Ingenieure diese Balance gefunden? Welche Kompromisse hätten sie eingegangen, um die Gesellschaft zu fördern, ohne die Umwelt zu gefährden? Und wie hätten sie die langfristigen Auswirkungen von Atlantropa auf die Umwelt eingeschätzt? Diese Fragen werden uns in den folgenden Kapiteln begleiten.

Kapitel 9: Wohlstand, Fortschritt und soziale Gleichheit

Die Vision von Atlantropa versprach nicht nur eine physische Umgestaltung der Welt, sondern auch eine Transformation der sozialen und wirtschaftlichen Strukturen. In diesem Kapitel untersuchen wir die wirtschaftlichen und sozialen Auswirkungen von Atlantropa auf die beteiligten Gesellschaften. Wir betrachten den Wohlstand, den Fortschritt und die Bemühungen um soziale Gleichheit, die durch die Umsetzung dieses gigantischen Projekts entstanden wären.

Abschnitt 9.1: Wirtschaftlicher Aufschwung und Prosperität

Die Verwirklichung von Atlantropa hätte zweifellos einen bedeutenden wirtschaftlichen Aufschwung für die beteiligten Regionen mit sich gebracht. Die umfangreiche Umgestaltung der Landschaft und die Schaffung neuer Infrastrukturen hätten eine Vielzahl neuer wirtschaftlicher Möglichkeiten eröffnet und das Potenzial für Wohlstand und Fortschritt geschaffen.

Die Entwicklung neuer Städte und Siedlungsgebiete hätte den Bedarf an Bauwesen, Architektur, Stadtplanung und Immobilienwesen erhöht. Die Schaffung von modernen Industriezentren hätte die Produktion und den Handel angekurbelt, was zu neuen Arbeitsplätzen und Geschäftsmöglichkeiten geführt hätte. Die neuen Agrarflächen und Bewässerungssysteme hätten die Landwirtschaft intensiviert und die Nahrungsmittelproduktion gesteigert, was nicht nur die Versorgung der Bevölkerung gesichert, sondern auch Exportmöglichkeiten eröffnet hätte.

Die Erschließung neuer Wasserstraßen und Handelsrouten hätte den internationalen Handel gefördert, was zu einer Erweiterung der Export- und Importmöglichkeiten geführt hätte. Häfen und Logistikzentren hätten eine zentrale Rolle im globalen Handel gespielt und die Regionen zu wichtigen wirtschaftlichen Knotenpunkten gemacht.

Der wirtschaftliche Aufschwung hätte auch die Bildung neuer Geschäftsmodelle und Technologien begünstigt. Forschung und Entwicklung hätten neue Innovationen in den Bereichen Energie, Transport, Kommunikation und mehr hervorgebracht. Investitionen in Bildung, Forschungseinrichtungen und Innovation hätten das intellektuelle Kapital gestärkt und die Regionen zu Zentren des technologischen Fortschritts gemacht.

Doch gleichzeitig hätte dieser wirtschaftliche Aufschwung auch neue Herausforderungen mit sich gebracht. Die schnelle Urbanisierung und Industrialisierung hätten die Infrastrukturanforderungen erhöht und die Notwendigkeit eines nachhaltigen Ressourcenmanagements betont. Die sozialen und wirtschaftlichen Unterschiede zwischen den Regionen hätten bewältigt werden müssen, um eine gerechte Verteilung der Chancen und Vorteile sicherzustellen.

Wie hätten die Visionäre und Ingenieure diese wirtschaftlichen Chancen genutzt und gleichzeitig die ökologischen und sozialen Herausforderungen gemeistert? Wie hätten sie eine nachhaltige und gerechte wirtschaftliche Entwicklung sichergestellt? Und wie hätte dieser wirtschaftliche Aufschwung das tägliche Leben der Menschen in Atlantropa beeinflusst? Diese Fragen werden uns in den folgenden Kapiteln begleiten.

Abschnitt 9.2: Zugang zu Bildung und Gesundheitsversorgung

Die Umsetzung von Atlantropa hätte nicht nur die physische Landschaft verändert, sondern auch das soziale Gefüge der Gesellschaft. Der Aufbau neuer Städte und Siedlungen hätte bedeutende Verbesserungen im Bildungs- und Gesundheitswesen mit sich gebracht, die das Leben der Menschen nachhaltig beeinflusst hätten.

Die Schaffung neuer Bildungseinrichtungen, von Grundschulen bis hin zu Universitäten, hätte eine breitere Bildungsbasis ermöglicht. Die Menschen hätten Zugang zu qualitativ hochwertiger Bildung gehabt, was ihre Chancen auf beruflichen Aufstieg und persönliche Entwicklung erhöht hätte. Die Bildung hätte als Grundlage für Innovation, Wissensaustausch und kreatives Denken gedient, was wiederum den Fortschritt in den verschiedenen Bereichen gefördert hätte.

Auch im Bereich der Gesundheitsversorgung wären erhebliche Verbesserungen zu erwarten gewesen. Der Bau von modernen Krankenhäusern, Kliniken und Gesundheitseinrichtungen hätte die medizinische Versorgung in den Regionen verbessert. Die Verfügbarkeit von qualifiziertem medizinischem Personal und moderner Ausrüstung hätte die Diagnose und Behandlung von Krankheiten erleichtert und die Lebenserwartung erhöht.

Präventive Maßnahmen und Gesundheitsaufklärung hätten dazu beigetragen, die allgemeine Gesundheit der Bevölkerung zu steigern.

Der verbesserte Zugang zu Bildung und Gesundheitsversorgung hätte zu einer besseren Lebensqualität geführt. Menschen wären in der Lage gewesen, ihre Fähigkeiten und Talente optimal zu entfalten, und gleichzeitig ihre Gesundheit zu erhalten. Die Gesellschaft als Ganzes hätte von einer gebildeten und gesunden Bevölkerung profitiert, die in der Lage gewesen wäre, aktiv am wirtschaftlichen und kulturellen Leben teilzunehmen.

Doch trotz dieser Verbesserungen hätte es auch Herausforderungen gegeben. Die Bewältigung der steigenden Nachfrage nach Bildungs- und Gesundheitsdiensten hätte eine solide Planung und Ressourcenallokation erfordert. Die Integration verschiedener Bildungs- und Gesundheitssysteme aus unterschiedlichen Regionen hätte ebenfalls koordinierte Anstrengungen erfordert.

Wie hätten die Planer und Ingenieure die Balance zwischen der Bereitstellung von Bildungs- und Gesundheitsdiensten und den Ressourcenbedürfnissen gefunden? Wie hätten sie sicherstellen können, dass diese Verbesserungen für alle Bevölkerungsgruppen zugänglich und nachhaltig sind?

Und wie hätten die Menschen diese verbesserten Bildungs- und Gesundheitsmöglichkeiten in ihrem täglichen Leben genutzt? Diese Fragen werden uns in den folgenden Kapiteln begleiten.

Abschnitt 9.3: Verteilung des Wohlstands und soziale Gleichheit

Die Umsetzung von Atlantropa hätte nicht nur die physische Landschaft transformiert, sondern auch die Möglichkeit geboten, das soziale Gefüge der Gesellschaft neu zu gestalten. Die Schaffung neuer Städte und Infrastrukturen hätte eine einzigartige Gelegenheit geboten, soziale Gleichheit zu fördern und die Verteilung des Wohlstands gerechter zu gestalten.

Die Visionäre und Ingenieure hinter Atlantropa hätten sicherlich versucht, Mechanismen zu entwickeln, um soziale Ungleichheiten zu minimieren. Eine mögliche Strategie könnte darin bestanden haben, sicherzustellen, dass Bildungs- und Gesundheitsdienste für alle Bevölkerungsgruppen zugänglich sind, unabhängig von ihrer sozialen Herkunft oder ihrem wirtschaftlichen Status. Die Förderung von Chancengleichheit im Bildungsbereich hätte dazu beigetragen, dass Menschen aus allen Schichten die gleichen Möglichkeiten zur persönlichen und beruflichen Entwicklung haben.

Darüber hinaus hätten die Ingenieure versucht, eine gerechte Verteilung von Ressourcen zu gewährleisten. Dies könnte durch gezielte Investitionen in benachteiligte Regionen, den Aufbau von Infrastrukturen zur Förderung von Landwirtschaft und Industrie sowie die Schaffung von Arbeitsplätzen in verschiedenen Wirtschaftszweigen erreicht werden. Die Schaffung von bezahlbarem Wohnraum und die Sicherung angemessener Arbeitsbedingungen hätten ebenfalls zur sozialen Gleichheit beigetragen.

Die Umsetzung dieser Ideen hätte jedoch Herausforderungen mit sich gebracht. Die faire Verteilung von Ressourcen und Chancen erfordert eine sorgfältige Planung und Umsetzung. Die Integration verschiedener sozialer Gruppen und die Vermeidung von Diskriminierung hätten im Zentrum dieser Bemühungen gestanden.

Wie hätten die Ingenieure und Visionäre sicherstellen können, dass die Verteilung des Wohlstands gerecht und nachhaltig ist? Wie hätten sie die Bedürfnisse verschiedener Bevölkerungsgruppen berücksichtigt und gleichzeitig das soziale Miteinander gestärkt? Wie hätten sie mit möglichen Widerständen gegen soziale Veränderungen umgegangen? Diese Fragen werfen einen Blick auf die komplexe Aufgabe, die soziale Gleichheit in einer neu gestalteten Gesellschaft zu fördern, und werden uns in den folgenden Kapiteln begleiten.

Abschnitt 9.4: Balance zwischen Wohlstand und Nachhaltigkeit

Die Realisierung von Atlantropa hätte zweifellos einen bedeutsamen wirtschaftlichen Aufschwung mit sich gebracht, aber gleichzeitig hätten die Visionäre und Ingenieure die Notwendigkeit erkannt, diesen Wohlstand mit Umwelt- und Ressourcenschutz in Einklang zu bringen. Die Herausforderung bestünde darin, einen nachhaltigen Entwicklungskurs zu verfolgen, der ökologische, soziale und wirtschaftliche Aspekte berücksichtigt.

Um diese Balance zu erreichen, hätten die Planer auf eine Reihe von Maßnahmen und Prinzipien zurückgegriffen. Eine Möglichkeit wäre gewesen, nachhaltige Baupraktiken und Technologien zu fördern, die den ökologischen Fußabdruck minimieren. Die Nutzung erneuerbarer Energien, die Förderung von Energieeffizienz und die Umsetzung von Umweltschutzrichtlinien wären wichtige Schritte gewesen, um die negativen Auswirkungen auf die Umwelt zu begrenzen.

Auch in der Landwirtschaft und Industrie hätten nachhaltige Ansätze eine Rolle gespielt. Die Förderung von umweltfreundlichen Anbaumethoden, die Minimierung von Abfall und der verantwortungsbewusste Umgang mit Ressourcen hätten zur langfristigen Lebensfähigkeit der Regionen beigetragen.

Die Integration von Umwelt- und Sozialverträglichkeitsprüfungen in die Planungsprozesse hätte dazu gedient, potenzielle negative Folgen frühzeitig zu erkennen und zu minimieren.

Zudem hätten Bildung und Bewusstseinsbildung eine wichtige Rolle gespielt. Die Menschen hätten über die Bedeutung von Nachhaltigkeit aufgeklärt werden müssen, um ein Verständnis für die langfristigen Konsequenzen ihrer Handlungen zu entwickeln. Dies könnte zu einer breiteren Akzeptanz von umweltfreundlichen Praktiken und einem nachhaltigen Lebensstil geführt haben. Die Herausforderung der Balance zwischen Wohlstand und Nachhaltigkeit wäre zweifellos komplex gewesen, aber die Visionäre und Ingenieure hätten sich bemüht, innovative Lösungen zu finden, die die wirtschaftliche Entwicklung mit dem Schutz der Umwelt und der langfristigen Lebensfähigkeit der Regionen in Einklang gebracht hätten. Wie hätten sie die Bevölkerung für diese Ziele gewinnen können? Wie hätten sie die Implementierung nachhaltiger Praktiken überwacht und durchgesetzt? Diese Fragen werfen einen Blick auf die Strategien, die zur Bewältigung dieser wichtigen Herausforderung erforderlich gewesen wären.

Kapitel 10: Politische Spannungen und Konflikte

Die Vision von Atlantropa, die eine umfassende
Umgestaltung der geografischen Landschaft und
des sozialen Gefüges beinhaltete, hätte zweifellos
politische Spannungen und Konflikte hervorgerufen.
In diesem Kapitel werfen wir einen Blick auf die
politischen Herausforderungen, die mit der
Umsetzung von Atlantropa einhergegangen wären.
Wir untersuchen die territorialen Ansprüche,
Rivalitäten zwischen Nationen und die möglichen
internationalen Krisen, die in dieser neuen Welt
hätten entstehen können.

Abschnitt 10.1: Territoriale Ansprüche und Grenzkonflikte

Die Verwirklichung von Atlantropa hätte zweifellos eine komplexe Frage aufgeworfen: Wie würden die neu geschaffenen Landflächen und Städte territorial beansprucht werden? Die Visionäre und Ingenieure hätten vor der Herausforderung gestanden, klare Grenzen und Hoheitsgebiete zu definieren, um mögliche Konflikte zu vermeiden.

Die unterschiedlichen Nationen, die an Atlantropa beteiligt wären, hätten Interessen an den neu entstandenen Gebieten gehabt. Die Frage nach dem Besitzrecht und der Verwaltung dieser Territorien hätte zu diplomatischen Spannungen führen können. Verhandlungen über die Verteilung der neu gewonnenen Landflächen und die Nutzung von Ressourcen wären unausweichlich gewesen.

Grenzkonflikte wären ebenfalls eine reale Möglichkeit gewesen. Die genaue Festlegung von Grenzen und die Abgrenzung der Hoheitsgebiete hätten zu Konflikten führen können, insbesondere wenn verschiedene Nationen Ansprüche auf dieselben Gebiete erhoben hätten. Die Visionäre und Ingenieure hätten sich mit der Aufgabe konfrontiert gesehen, faire und gerechte Lösungen zu finden, die den Interessen der beteiligten Parteien gerecht werden.

Um diese territorialen Herausforderungen zu bewältigen, wären internationale Verhandlungen und Abkommen von entscheidender Bedeutung gewesen. Die Schaffung von neutralen Schiedsgerichten und internationalen Institutionen hätte dazu gedient, Konflikte zu lösen und Streitigkeiten beizulegen. Diplomatische Geschicklichkeit und die Bereitschaft zur Kompromissfindung wären notwendig gewesen, um eine stabile politische Situation in den betroffenen Regionen aufrechtzuerhalten.

Der Abschnitt beleuchtet die komplexen territorialen Ansprüche und die möglichen Grenzkonflikte, die Atlantropa begleitet hätten. Wie hätten die Nationen versucht, diese Streitigkeiten zu lösen? Welche Mechanismen hätten zur Konfliktvermeidung eingesetzt werden können? Die Betrachtung dieser Aspekte wirft Licht auf die diplomatischen und politischen Herausforderungen, die mit der Umsetzung dieses gigantischen Projekts einhergegangen wären.

Abschnitt 10.2: Rivalitäten und geopolitische Spannungen

Die Umsetzung von Atlantropa hätte zweifellos geopolitische Spannungen zwischen den beteiligten Nationen ausgelöst. Die Schaffung neuer Landflächen, Städte und wirtschaftlicher Möglichkeiten hätte zu einem Wettbewerb um Ressourcen, Einflussbereiche und politische Dominanz geführt. In einer neu entstehenden Weltordnung wären Rivalitäten und politische Machtspiele unausweichlich gewesen.

Die beteiligten Nationen hätten ihre Interessen und Ansprüche in dieser neuen Umgebung verteidigen wollen. Politische Führer und Diplomaten hätten versucht, Allianzen zu schmieden, um ihre Position zu stärken. Dabei hätten sowohl wirtschaftliche als auch sicherheitspolitische Überlegungen eine Rolle gespielt. Die Konkurrenz um Zugang zu Ressourcen wie Land, Wasser und Rohstoffen hätte zu strategischen Partnerschaften geführt, aber auch zu Konflikten zwischen rivalisierenden Nationen.

Die geopolitischen Spannungen wären nicht auf einzelne Regionen beschränkt gewesen, sondern hätten globale Auswirkungen gehabt. Andere Länder und internationale Organisationen hätten sich mit den Herausforderungen dieser neuen politischen Realität auseinandersetzen müssen.

Die Entstehung von politischen Machtblöcken und die Neuausrichtung internationaler Beziehungen wären eine natürliche Konsequenz dieser Veränderungen gewesen.

Um diese Rivalitäten zu bewältigen, hätten diplomatische Verhandlungen, Dialoge und internationale Abkommen eine wichtige Rolle gespielt. Der Abschnitt betrachtet, wie die Nationen versucht hätten, ihre Interessen in dieser neuen geopolitischen Landschaft zu schützen und gleichzeitig Konflikte zu vermeiden. Wie hätten sie versucht, eine stabile politische Ordnung aufrechtzuerhalten? Wie hätten sie ihre Beziehungen zu anderen Nationen und politischen Akteuren gestaltet? Die Untersuchung dieser Aspekte verdeutlicht die Komplexität der geopolitischen Spannungen, die mit der Umsetzung von Atlantropa verbunden gewesen wären.

Abschnitt 10.3: Internationale Krisen und Konfrontationen

Die Umsetzung von Atlantropa hätte zweifellos das Potenzial gehabt, internationale Krisen und Konfrontationen auszulösen. Die tiefgreifenden Veränderungen in der geopolitischen Landschaft, die Umverteilung von Ressourcen und der Wettbewerb um Einflussbereiche hätten Spannungen zwischen den Nationen erhöhen können. In dieser unsicheren und sich schnell verändernden Umgebung wären internationale Krisen unausweichlich gewesen.

Die Neuverteilung von Land und Ressourcen hätte zu Konflikten über territoriale Ansprüche führen können. Nationen hätten versucht, ihre Einflusssphären zu erweitern oder ihre Grenzen zu sichern. Dies hätte zu territorialen Streitigkeiten und potenziellen Grenzkonflikten geführt, die in internationalen Spannungen hätten eskalieren können.

Die Neuausrichtung der Handelsrouten und Wirtschaftszweige hätte ebenfalls Konflikte hervorrufen können. Nationen hätten um Zugang zu neuen Märkten und Rohstoffen konkurriert, was zu Handelsstreitigkeiten und wirtschaftlichen Auseinandersetzungen hätte führen können.

In dieser Situation wären Diplomatie und internationale Verhandlungen von entscheidender Bedeutung gewesen, um Krisen zu bewältigen und Eskalationen zu verhindern. Nationen hätten versucht, diplomatische Lösungen zu finden, um ihre Interessen zu wahren und gleichzeitig Konflikte zu minimieren. Internationale Organisationen hätten eine Rolle bei der Schlichtung von Streitigkeiten und der Förderung von Zusammenarbeit spielen können.

Der Abschnitt beleuchtet, wie die beteiligten Nationen auf internationale Krisen und Konfrontationen hätten reagieren können. Welche Mechanismen hätten sie genutzt, um Konflikte zu entschärfen? Wie hätten sie versucht, stabile Beziehungen in einer sich verändernden geopolitischen Landschaft aufrechtzuerhalten? Die Untersuchung dieser Aspekte zeigt die Herausforderungen und Chancen auf, die mit der Umsetzung von Atlantropa im Hinblick auf internationale Stabilität und Sicherheit verbunden gewesen wären.

Abschnitt 10.4: Die Suche nach Stabilität und Kooperation

Trotz der potenziellen politischen Spannungen und Konflikte hätte Atlantropa auch die Chance geboten, nachhaltige Stabilität und Kooperation zwischen den beteiligten Nationen aufzubauen. Die Umsetzung eines so monumentalen Projekts hätte eine gemeinsame Anstrengung erfordert, um die vielfältigen Herausforderungen zu bewältigen. In diesem Abschnitt erkunden wir die Bemühungen, diplomatische Lösungen zu finden und Kooperationsmechanismen zu etablieren, um politische Spannungen zu mildern und eine stabile politische Ordnung zu schaffen.

Die Visionäre und Politiker hätten erkannt, dass die Bewältigung der politischen Herausforderungen von Atlantropa eine enge Zusammenarbeit erfordert hätte. Internationale Verhandlungen wären genutzt worden, um territoriale Ansprüche zu klären und Grenzkonflikte beizulegen. Diplomatie hätte eine entscheidende Rolle bei der Schlichtung von Streitigkeiten und der Förderung von Verständnis zwischen den Nationen gespielt.

Die Schaffung neuer Institutionen zur Förderung der Zusammenarbeit wäre ebenfalls eine Möglichkeit gewesen. Internationale Organisationen hätten gegründet werden können, um politische Spannungen zu mildern und einen Rahmen für gemeinsame Entscheidungsfindung zu schaffen.

Diese Institutionen hätten als Plattformen für den Austausch von Informationen, die Lösung von Konflikten und die Förderung von gemeinsamen Interessen gedient.

Die gemeinsame Bewältigung der politischen Herausforderungen hätte nicht nur zur Stabilität in der Region beigetragen, sondern auch die Grundlage für langfristige Kooperation und Partnerschaften gelegt. Die Visionäre und Politiker hätten erkannt, dass die Sicherung des Friedens und der politischen Stabilität essentiell für den Erfolg von Atlantropa gewesen wäre.

Der Abschnitt beleuchtet die Bemühungen um Stabilität und Kooperation in einer sich verändernden geopolitischen Umgebung. Wie hätten die beteiligten Nationen versucht, eine gemeinsame Grundlage für Zusammenarbeit zu schaffen? Welche Mechanismen hätten sie genutzt, um politische Spannungen zu mildern? Diese Aspekte verdeutlichen, wie die Suche nach politischer Stabilität und Kooperation zu den zentralen Themen der Umsetzung von Atlantropa geworden wären.

Kapitel 11: Der Preis des menschlichen Eingriffs in die Natur

Die Verwirklichung von Atlantropa hätte nicht nur physische und soziale Veränderungen mit sich gebracht, sondern auch tiefgreifende ethische und philosophische Fragen aufgeworfen. In diesem Kapitel widmen wir uns den moralischen Aspekten des menschlichen Eingriffs in die Natur. Wir diskutieren die Fragen der Umweltveränderung, des technologischen Eingriffs in die Natur und der langfristigen Auswirkungen auf die Menschheit.

Abschnitt 11.1: Die ethische Dimension des Eingriffs in die Natur

Die Verwirklichung von Atlantropa hätte zweifellos eine ethische Debatte über den menschlichen Eingriff in die natürliche Umwelt ausgelöst. Die massive Umgestaltung der geografischen Landschaft und die Veränderung von Flüssen, Küsten und Ökosystemen hätten Fragen zur moralischen Verantwortung des Menschen für die Umwelt aufgeworfen. In diesem Abschnitt erforschen wir die ethischen Dilemmata, die sich aus dem Eingriff in die Natur ergeben hätten.

Die Visionäre und Ingenieure hätten erkannt, dass der Eingriff in die Natur nicht ohne Konsequenzen bleiben würde. Die Schaffung neuer Landflächen und Städte hätte zwangsläufig ökologische Auswirkungen gehabt, und sie hätten sich der ethischen Verantwortung gestellt, diese Auswirkungen zu verstehen und zu minimieren.

Die Frage, ob der Mensch das Recht hat, die Natur in einem solchen Ausmaß zu verändern, hätte die Grundlage für eine Debatte über die Grenzen des technologischen Fortschritts und die Wahrung der natürlichen Integrität gebildet. Ethiker, Umweltschützer und Wissenschaftler hätten diskutiert, wie weit der Eingriff in die Natur gehen darf, ohne das ökologische Gleichgewicht zu gefährden.

Die ethische Dimension hätte auch den langfristigen Blick auf die Folgen für kommende Generationen eingeschlossen. Die Visionäre und Ingenieure hätten abwägen müssen, ob der kurzfristige Nutzen von Atlantropa die langfristigen ökologischen Risiken überwiegen würde. Dies hätte eine tiefe Reflexion über die Verantwortung gegenüber zukünftigen Generationen erfordert.

In diesem Abschnitt beleuchten wir die ethischen Dilemmata, denen die Verwirklichung von Atlantropa begegnet wäre. Wie hätten die Beteiligten versucht, ökologische Verantwortung und moralische Integrität zu wahren? Wie hätten sie ethische Standards und Leitlinien für den menschlichen Eingriff in die Natur entwickelt? Diese Fragen verdeutlichen, wie die ethische Dimension einen wesentlichen Aspekt der Umsetzung von Atlantropa gebildet hätte.

Abschnitt 11.2: Technologie und Verantwortung

Die Umsetzung von Atlantropa hätte eine Vielzahl von technologischen Innovationen erfordert, um die visionären Ziele zu erreichen. Doch mit diesen technologischen Fortschritten hätten auch neue ethische Fragen und Verantwortlichkeiten einhergehen müssen. In diesem Abschnitt werfen wir einen Blick auf die Verbindung zwischen Technologie und Verantwortung im Kontext von Atlantropa.

Die Ingenieure und Technologen hinter Atlantropa hätten erkannt, dass ihre Handlungen langfristige Auswirkungen auf die Umwelt, die Gesellschaft und zukünftige Generationen haben könnten. Die Entwicklung neuer Baumaterialien, Energiequellen und Bauverfahren hätte nicht nur positive Effekte gehabt, sondern auch mögliche Risiken und Nebenwirkungen. Daher hätten sie sich der Verantwortung gestellt, diese Technologien mit Bedacht einzusetzen und ihre möglichen Auswirkungen zu verstehen.

Die Frage nach der Kontrolle und Regulierung von Technologie hätte ebenfalls eine Rolle gespielt. Die Ingenieure hätten mögliche Sicherheitsmaßnahmen und Notfallpläne entwickeln müssen, um im Falle unvorhergesehener Komplikationen angemessen reagieren zu können. Die Verantwortung für die sichere Nutzung von Technologie hätte eine ethische Grundlage für die Entscheidungsfindung und den Handlungsrahmen gebildet.

Die Diskussion über Technologie und Verantwortung hätte auch die Zusammenarbeit zwischen verschiedenen Disziplinen wie Ingenieurwissenschaften, Ethik, Umweltschutz und Politik gefördert. Die Visionäre und Ingenieure hätten erkannt, dass sie nicht nur die technischen Aspekte berücksichtigen müssten, sondern auch die moralischen und sozialen Auswirkungen ihres Handelns.

In diesem Abschnitt betrachten wir, wie die Verantwortung im Umgang mit Technologie ein zentraler Aspekt bei der Umsetzung von Atlantropa gewesen wäre. Wie hätten die Ingenieure die langfristigen Folgen ihrer technologischen Entscheidungen abgewogen? Welche Vorkehrungen hätten sie getroffen, um mögliche Risiken zu minimieren? Diese Fragen verdeutlichen, wie die ethische Reflexion über Technologie eine entscheidende Rolle in der Planung und Umsetzung von Atlantropa gespielt hätte.

Abschnitt 11.3: Die Langzeitperspektive und nachhaltiges Denken

Die Umsetzung eines Projekts von solch monumentalem Ausmaß wie Atlantropa hätte die Frage nach der langfristigen Perspektive und dem nachhaltigen Denken aufgeworfen. Die Visionäre und Ingenieure hätten erkannt, dass ihre Entscheidungen nicht nur unmittelbare Auswirkungen haben würden, sondern auch langfristige Konsequenzen für kommende Generationen. In diesem Abschnitt betrachten wir die Bedeutung der Langzeitperspektive und des nachhaltigen Denkens im Kontext von Atlantropa. Die Planung und Umsetzung von Atlantropa hätten eine umfassende Analyse der langfristigen ökologischen, sozialen und wirtschaftlichen Auswirkungen erfordert. Die Ingenieure hätten sich der Herausforderung gestellt, Prognosen für die Entwicklung über Jahrzehnte hinweg zu treffen und Szenarien für verschiedene Zukunftsszenarien zu erstellen. Dabei hätten sie nachhaltige Prinzipien wie Ressourcenschonung, Umweltschutz und soziale Gerechtigkeit in ihre Entscheidungsfindung einbezogen.

Ein zentrales Element des nachhaltigen Denkens wäre die Berücksichtigung der Bedürfnisse zukünftiger Generationen gewesen. Die Visionäre hätten erkannt, dass ihre Handlungen das Erbe hinterlassen würden, auf dem kommende Generationen aufbauen müssten.

Dies hätte dazu geführt, dass sie sorgfältig abgewogen hätten, wie ihre Entscheidungen die Lebensqualität und die Chancen für diejenigen beeinflussen würden, die nach ihnen kommen.

Der Fokus auf die Langzeitperspektive hätte auch eine kontinuierliche Bewertung und Anpassung der Projekte im Laufe der Zeit erfordert. Neue Erkenntnisse, Technologien und Entwicklungen hätten die Ingenieure dazu veranlasst, ihre Ansätze zu überdenken und anzupassen, um sicherzustellen, dass die langfristigen Ziele von Nachhaltigkeit und Wohlstand erreicht werden.

In diesem Abschnitt betrachten wir, wie die Langzeitperspektive und das nachhaltige Denken eine wesentliche Rolle bei der Umsetzung von Atlantropa gespielt hätten. Wie hätten die Visionäre und Ingenieure die langfristigen Auswirkungen ihrer Entscheidungen auf Umwelt, Gesellschaft und Zukunftsgenerationen berücksichtigt? Welche Maßnahmen hätten sie ergriffen, um nachhaltige Prinzipien in die Gestaltung dieser neuen Welt einzubeziehen? Dies verdeutlicht, wie die Vision von Atlantropa nicht nur kurzfristige Ziele, sondern auch die Verantwortung für die langfristige Entwicklung in den Blick genommen hätte.

Abschnitt 11.4: Die Verantwortung gegenüber kommenden Generationen

Die Vision von Atlantropa hätte nicht nur kurzfristige Auswirkungen auf die gegenwärtigen Gesellschaften gehabt, sondern auch auf kommende Generationen. Diese ethische Dimension hätte die Verantwortlichen vor die Herausforderung gestellt, sicherzustellen, dass ihre Handlungen die Interessen und Bedürfnisse der zukünftigen Menschen respektieren und schützen würden.

Eine der grundlegenden Fragen wäre gewesen, wie man langfristige Nachhaltigkeit gewährleisten könnte. Die Visionäre und Ingenieure hätten sich fragen müssen, wie sie die Ressourcen so nutzen könnten, dass sie nicht erschöpft werden und auch für kommende Generationen zur Verfügung stehen würden. Sie hätten Maßnahmen ergreifen müssen, um Umweltschäden zu minimieren und Ökosysteme zu schützen, damit die natürlichen Grundlagen für zukünftige Generationen erhalten bleiben.

Die Gestaltung der Infrastrukturen, Städte und Lebensweisen innerhalb Atlantropas hätte darauf ausgerichtet sein müssen, dass sie auch in Zukunft nachhaltig und lebenswert sind. Dies hätte bedeutet, städtische Planung, Bauweise und Ressourcennutzung so zu gestalten, dass sie den langfristigen Bedürfnissen gerecht werden.

Ein weiterer ethischer Aspekt wäre die Bewahrung der kulturellen Identität und Vielfalt gewesen. Die Visionäre hätten erkannt, dass die Veränderungen, die sie vornehmen, das kulturelle Erbe der beteiligten Gemeinschaften beeinflussen würden. Daher hätten sie Maßnahmen ergreifen müssen, um kulturelle Traditionen, Sprachen und Bräuche zu bewahren und zu respektieren.

Die Verantwortung gegenüber kommenden Generationen hätte auch in der Schaffung von Bildungs- und Bewusstseinsprogrammen gelegen. Die Menschen wären darin unterstützt worden, ein Verständnis für die langfristigen Auswirkungen ihrer Handlungen zu entwickeln und die Bedeutung nachhaltigen Denkens zu erkennen.

In diesem Abschnitt betrachten wir, wie die Verantwortlichen bei Atlantropa die ethische Dimension der Verantwortung gegenüber kommenden Generationen berücksichtigt hätten. Wie hätten sie versucht, sicherzustellen, dass ihre Entscheidungen im Einklang mit den Bedürfnissen und Interessen der zukünftigen Menschen stehen? Welche Schritte hätten sie unternommen, um langfristige Nachhaltigkeit zu gewährleisten? Dies verdeutlicht die Bedeutung, die die ethische Verantwortung für die Gestaltung der neuen Welt innerhalb Atlantropas gehabt hätte.

Kapitel 12: Das Vermächtnis von Atlantropa

Das Vermächtnis von Atlantropa reicht über die Zeit seiner hypothetischen Umsetzung hinaus und prägt die nachfolgenden Generationen auf vielfältige Weise. In diesem abschließenden Kapitel betrachten wir, wie die Idee von Atlantropa die kulturellen, technologischen und politischen Entwicklungen bis in die heutige Zeit beeinflusst hat. Wir analysieren, welche Spuren dieses visionäre Konzept hinterlassen hat und wie es die Welt im Laufe der Jahrzehnte geprägt hat.

Abschnitt 12.1: Kulturelle Einflüsse und kreative Erben

Die Vision von Atlantropa hätte eine tiefgreifende kulturelle Wirkung gehabt, die weit über die unmittelbaren Auswirkungen hinausgegangen wäre. Die kreativen Erben dieser alternativen Realität hätten neue Ideen und Innovationen hervorgebracht, die die kulturelle Landschaft der Welt nachhaltig geprägt hätten.

In den neu geschaffenen Städten und Regionen hätten sich einzigartige kulturelle Strömungen und Gemeinschaften entwickelt. Diese Städte wären Inkubatoren für neue Kunstformen, Architekturstile und kulturelle Ausdrucksformen gewesen. Die Vereinigung von verschiedenen Traditionen und Perspektiven hätte zu einer reichen Vielfalt an kulturellen Innovationen geführt. Künstler, Schriftsteller, Musiker und Denker hätten die Chance gehabt, sich gegenseitig zu inspirieren und neue Wege des kreativen Schaffens zu erkunden.

Die Literatur hätte möglicherweise alternative Geschichten und Narrative hervorgebracht, die die Welt von Atlantropa und die dort lebenden Menschen porträtieren würden. Diese literarischen Werke hätten Themen wie Zusammenarbeit, kulturelle Fusion und die Balance zwischen Mensch und Natur erforscht. Musikalische Genres, die aus der Begegnung von verschiedenen musikalischen Traditionen entstanden wären, hätten die kulturelle Vielfalt von Atlantropa widergespiegelt.

Die Architektur und das Design der Städte wären ein weiterer wichtiger Aspekt der kulturellen Erben gewesen. Neue Baustile, die sich aus der Fusion verschiedener architektonischer Traditionen entwickelt hätten, hätten das Stadtbild geprägt. Die Ideen der nachhaltigen Gestaltung und der harmonischen Integration von Mensch und Umwelt, die bei Atlantropa eine Rolle gespielt hätten, hätten die moderne Architektur beeinflusst.

Die kulturellen Erben von Atlantropa hätten auch die Art und Weise beeinflusst, wie Menschen über Umweltverantwortung und nachhaltige Entwicklung nachgedacht hätten. Die Erfahrungen und Lektionen aus der alternativen Geschichte von Atlantropa hätten dazu beigetragen, dass die Menschen in der realen Welt stärker auf die Auswirkungen ihres Handelns auf die Umwelt und die Gesellschaft achten würden.

Dieser Abschnitt beleuchtet die faszinierenden kulturellen Einflüsse und Erben, die Atlantropa hinterlassen hätte. Wie hätten die kreativen Erben dieser alternativen Realität die Welt verändert? Welche neuen Ideen und Innovationen hätten sie hervorgebracht? Dies verdeutlicht, wie eine alternative Geschichte wie Atlantropa nicht nur physische Veränderungen, sondern auch tiefgreifende kulturelle Entwicklungen und kreative Erben hervorbringen könnte.

Abschnitt 12.2: Technologische Fortschritte und Innovationen

Die technologischen Herausforderungen, die mit der Umsetzung von Atlantropa einhergegangen wären, hätten zweifellos zu bahnbrechenden Fortschritten und Innovationen geführt. Die Notwendigkeit, gigantische Dämme, Kanäle, und künstliche Landflächen zu erschaffen, hätte die Ingenieure dazu angespornt, neue Lösungen und Technologien zu entwickeln, die weit über die Grenzen des Projekts hinausgegangen wären.

Ingenieure hätten innovative Baumaterialien erforscht und entwickelt, die den enormen Kräften standhalten könnten, die durch die Erschaffung von Dämmen und Landflächen entstehen würden. Fortschritte in der Bautechnik hätten die Stabilität und Langlebigkeit der errichteten Strukturen verbessert.

Die Umleitung von Wasserläufen und die Schaffung von Wasserstraßen hätten die Entwicklung neuer Technologien für die Wasserwirtschaft und die Steuerung von Wassermassen erfordert. Innovative Pumpsysteme, Wasserregulierungsmechanismen und Küstenschutztechnologien wären entwickelt worden, um die neu gestalteten Gebiete vor den Kräften des Wassers zu schützen.

Die Energieerzeugung hätte ebenfalls von den technologischen Anforderungen von Atlantropa profitiert. Die Notwendigkeit, große Mengen an Energie für den Betrieb von Pumpen, Beleuchtung, Infrastruktur und mehr zu erzeugen, hätte die Entwicklung effizienterer Energieerzeugungstechnologien vorangetrieben. Solarenergie, Wasserkraft und innovative Formen der Energiegewinnung hätten an Bedeutung gewonnen.

Diese technologischen Fortschritte und Innovationen hätten nicht nur Atlantropa selbst beeinflusst, sondern auch andere Bereiche der Technologieentwicklung vorangetrieben. Die Erfahrungen und Errungenschaften, die bei der Umsetzung des Projekts gemacht worden wären, hätten Ingenieure und Wissenschaftler inspiriert, weiterhin nach innovativen Lösungen für globale Herausforderungen zu suchen.

Die technologischen Erben von Atlantropa hätten eine nachhaltige Entwicklung in vielen Bereichen vorangetrieben, von der Umwelttechnologie bis zur Energieerzeugung und Infrastruktur. Die menschliche Fähigkeit, kreative Lösungen für komplexe Probleme zu finden, hätte sich in den technologischen Fortschritten von Atlantropa manifestiert und hätte die nachfolgenden Generationen inspiriert, in ihrem Streben nach Innovation und Fortschritt nicht nachzulassen.

Abschnitt 12.3: Politische Ideale und globale Zusammenarbeit

Die Vision von Atlantropa hätte politische Ideale und Modelle inspiriert, die weit über die Grenzen des Projekts hinausgegangen wären. Die immense Herausforderung, eine neue Weltordnung zu schaffen und die geopolitischen Spannungen zu bewältigen, hätte die Notwendigkeit von politischem Konsens und internationaler Zusammenarbeit betont.

Die diplomatischen Bemühungen, die zur Bewältigung der territorialen Ansprüche, Rivalitäten und Krisen erforderlich gewesen wären, hätten die Bedeutung von Verhandlungen, Diplomatie und Konfliktlösung auf globaler Ebene verdeutlicht. Die beteiligten Nationen hätten sich gezwungen gesehen, gemeinsame Interessen zu finden und Kompromisse einzugehen, um das komplexe Projekt erfolgreich umzusetzen.

Das politische Vermächtnis von Atlantropa hätte eine Betonung der globalen Zusammenarbeit und des Dialogs hinterlassen. Die Ideale von Frieden, Stabilität und nachhaltiger Entwicklung hätten die internationale Diplomatie und Politik beeinflusst. Internationale Institutionen und Kooperationsmechanismen hätten sich entwickelt, um Krisen zu verhindern und langfristige Lösungen für globale Herausforderungen zu finden.

Die Lehren aus Atlantropa hätten dazu geführt, dass politische Führer und Diplomaten sich stärker für die gemeinsame Gestaltung einer besseren Welt einsetzen. Die Anerkennung der Tatsache, dass komplexe Herausforderungen nur durch internationale Zusammenarbeit bewältigt werden können, hätte die Grundlage für eine dauerhafte politische Zusammenarbeit gelegt.

Das politische Erbe von Atlantropa hätte dazu beigetragen, eine Weltordnung zu formen, die auf Prinzipien des Dialogs, der Kooperation und des Friedens aufbaut. Die Ideale, die aus dieser alternativen Geschichte hervorgegangen wären, hätten die internationale Diplomatie und Politik positiv beeinflusst und hätten eine bleibende Erinnerung an die Bedeutung globaler Zusammenarbeit hinterlassen.

Abschnitt 12.4: Die Reflexion auf Alternativen und Möglichkeiten

Das Vermächtnis von Atlantropa hätte zweifellos eine anhaltende Reflexion über alternative Möglichkeiten und die Komplexität menschlichen Handelns ausgelöst. Die Vorstellung einer Welt, in der ein derart monumentales Projekt umgesetzt wurde, hätte die Menschen ermutigt, über die Konsequenzen ihrer Entscheidungen und Handlungen nachzudenken – sei es in Bezug auf Ethik, Technologie oder Politik.

Die kontinuierliche Reflexion auf Atlantropa hätte die Gesellschaft dazu angeregt, sich den Fragen der ethischen Verantwortung, der langfristigen Auswirkungen von Technologie und der Herausforderungen globaler Zusammenarbeit zu stellen. Die Menschen hätten sich immer wieder gefragt, wie eine solche gewaltige Veränderung die Welt formen könnte – sowohl positiv als auch negativ.

Die "Was-wäre-wenn"-Szenarien, die durch Atlantropa aufgeworfen worden wären, hätten dazu geführt, dass Menschen innovative Lösungsansätze entwickeln, um ähnliche Herausforderungen in der realen Welt zu bewältigen. Die Lehren aus den möglichen Erfolgen und Fehlern von Atlantropa hätten in den Bereichen Umweltschutz, nachhaltige Entwicklung, politische Diplomatie und technologischen Fortschritt eine wichtige Rolle gespielt.

Die Geschichte von Atlantropa wäre nicht nur eine reine Spekulation über eine alternative Realität, sondern auch ein Anstoß für tiefgründige Überlegungen darüber gewesen, wie Menschheit, Technologie und Natur in einem globalen Kontext interagieren. Sie hätte dazu ermutigt, die potenziellen Konsequenzen von Großprojekten und tiefgreifenden Veränderungen sorgfältig abzuwägen und eine verantwortungsvolle Herangehensweise an solche Unterfangen zu entwickeln.

Die Reflexion auf Atlantropa hätte eine anhaltende Quelle der Inspiration und des Lernens geboten, die die Menschen dazu bewegt hätte, das Bestreben nach Fortschritt und Veränderung mit einem tiefen Verständnis für die Auswirkungen auf die Welt um sie herum zu verknüpfen.

Kapitel 13: Lektionen für die Zukunft der Menschheit

Die faszinierende Geschichte von Atlantropa wirft nicht nur Licht auf eine alternative Vergangenheit, sondern bietet auch wichtige Lektionen und Erkenntnisse für die Gegenwart und Zukunft der Menschheit. In diesem abschließenden Kapitel ziehen wir Schlussfolgerungen aus der Atlantropa-Geschichte und untersuchen, welche Lehren wir aus dieser alternativen Realität für die heutige Gesellschaft ziehen können.

Abschnitt 13.1: Nachhaltigkeit und ökologische Verantwortung

Die Geschichte von Atlantropa verdeutlicht eine essenzielle Lektion: die Bedeutung von Nachhaltigkeit und ökologischer Verantwortung im Umgang mit der Natur. Die möglichen ökologischen Auswirkungen eines derart massiven Eingriffs in die Umwelt erinnern uns daran, wie wichtig es ist, unsere Handlungen sorgfältig abzuwägen und die langfristigen Konsequenzen zu berücksichtigen.

Heutzutage stehen wir vor ähnlichen Herausforderungen in Bezug auf Umwelt und Nachhaltigkeit. Die Erhaltung der natürlichen Ressourcen, die Bewahrung der Biodiversität und die Reduzierung der Umweltauswirkungen sind von entscheidender Bedeutung, um eine lebenswerte Zukunft für kommende Generationen zu gewährleisten.

Die Prinzipien der Nachhaltigkeit, wie sie aus der Atlantropa-Geschichte abgeleitet werden können, erinnern uns daran, dass wir bei unseren Entscheidungen und Handlungen das Gleichgewicht zwischen menschlichen Bedürfnissen und dem Schutz der Umwelt bewahren müssen. Dies erfordert eine umfassende Betrachtung von ökologischen, sozialen und wirtschaftlichen Aspekten. Wir müssen uns fragen, wie wir unsere Ressourcen schonen, Energieeffizienz fördern, umweltfreundliche Technologien entwickeln und nachhaltige Landnutzung praktizieren können.

Individuell und kollektiv können wir uns von der Atlantropa-Geschichte inspirieren lassen, unsere Rolle als Hüterinnen und Hüter der Natur ernst zu nehmen. Durch bewusste Entscheidungen und Aktionen können wir eine nachhaltige Zukunft gestalten, in der das Wohl der Umwelt und das Wohlergehen der Menschen im Einklang stehen.

Abschnitt 13.2: Technologieethik und Verantwortung

Die Geschichte von Atlantropa stellt uns vor eine wichtige Erkenntnis: die Notwendigkeit einer umfassenden Technologieethik und unserer Verantwortung für die Entwicklung und Anwendung von Technologie. Die technologischen Herausforderungen, die mit der Umsetzung dieses gigantischen Projekts einhergegangen wären, verdeutlichen, wie entscheidend es ist, ethische Prinzipien in den Vordergrund zu stellen, wenn wir Fortschritte in der Technologie anstreben.

Heutzutage stehen wir vor einer rasanten technologischen Entwicklung, die enorme Chancen bietet, aber auch potenzielle Risiken und Herausforderungen mit sich bringt. Die Geschichte von Atlantropa erinnert uns daran, dass Technologie nicht nur das Potenzial für Fortschritt birgt, sondern auch für komplexe ethische Dilemmata und unvorhergesehene Nebenwirkungen.

Um sicherzustellen, dass technologische Fortschritte im Einklang mit ethischen Prinzipien stehen, müssen wir Mechanismen und Kontrollen etablieren, die sicherstellen, dass Technologie im Dienste des Wohlergehens der Gesellschaft und der Umwelt steht. Dies erfordert eine offene und kritische Auseinandersetzung mit den Auswirkungen neuer Technologien sowie die Schaffung von Regulierungen, die potenzielle Risiken minimieren und Innovationen fördern.

Die Atlantropa-Geschichte erinnert uns daran, dass wir als Schöpferinnen und Schöpfer von Technologie eine Verantwortung tragen, die über bloße Innovation hinausgeht. Indem wir ethische Überlegungen und Verantwortung in den Mittelpunkt unserer technologischen Entwicklung stellen, können wir sicherstellen, dass unsere Fortschritte im Einklang mit den besten Interessen der Menschheit stehen.

Abschnitt 13.3: Internationale Zusammenarbeit und Diplomatie

Die Atlantropa-Geschichte zeigt uns eindringlich die Bedeutung von internationaler Zusammenarbeit und Diplomatie auf. Die politischen Spannungen und Konflikte, die aus der Umsetzung eines so ambitionierten Projekts wie Atlantropa resultiert wären, erinnern uns daran, dass viele der Herausforderungen, mit denen wir konfrontiert sind, grenzüberschreitend sind und globales Handeln erfordern.

In unserer heutigen globalisierten Welt stehen wir vor zahlreichen komplexen Problemen, die eine gemeinsame Anstrengung aller Nationen erfordern. Die Atlantropa-Geschichte ermutigt uns dazu, aus den Fehlern und Erfolgen der Vergangenheit zu lernen und Mechanismen zu schaffen, die politische Spannungen mildern und gemeinsame Lösungen fördern können.

Diplomatie und internationale Zusammenarbeit sind unerlässlich, um Frieden, Sicherheit und globale Stabilität zu gewährleisten. Durch den Austausch von Informationen, die Förderung des Dialogs und die Schaffung von Institutionen können wir gemeinsam an globalen Herausforderungen arbeiten. Die Atlantropa-Geschichte erinnert uns daran, dass unser Schicksal eng miteinander verbunden ist und dass nur durch koordiniertes Handeln positive Veränderungen erreicht werden können.

Indem wir die Lehren aus der Atlantropa-Geschichte nutzen, können wir unsere Bemühungen um internationale Zusammenarbeit und Diplomatie verstärken und gemeinsam eine bessere Zukunft gestalten.

Abschnitt 13.4: Die Reflexion auf Alternativen und Szenarien

Die Atlantropa-Geschichte zeigt uns, wie wertvoll es ist, über alternative Szenarien und mögliche Zukünfte nachzudenken. Durch die Betrachtung von "Was-wäre-wenn"-Szenarien können wir unser Verständnis für die Komplexität von Entscheidungen, ihre langfristigen Auswirkungen und die damit verbundenen ethischen, sozialen und ökologischen Implikationen vertiefen.

Indem wir uns bewusst mit alternativen Möglichkeiten befassen, können wir unsere Entscheidungsfindung verbessern und besser auf die Herausforderungen der Zukunft vorbereitet sein. Wir können erkennen, dass unsere Entscheidungen nicht nur kurzfristige Auswirkungen haben, sondern auch langfristige Konsequenzen für kommende Generationen.

Die Atlantropa-Geschichte erinnert uns daran, dass wir die Gestalter unserer eigenen Zukunft sind. Indem wir verschiedene Szenarien und Optionen in Betracht ziehen, können wir die Risiken und Chancen unserer Entscheidungen besser einschätzen und verantwortungsbewusste Handlungen ableiten. Die Fähigkeit, über den Tellerrand hinauszublicken und verschiedene Möglichkeiten zu erkunden, ist ein wertvolles Werkzeug, um die Komplexität unserer Welt zu verstehen und besser darauf reagieren zu können.

Die Geschichte von Atlantropa mag zwar hypothetisch sein, aber die Lehren, die wir aus ihr ziehen, sind alles andere als unrealistisch. Sie erinnert uns daran, wie wichtig es ist, klug, verantwortungsbewusst und zukunftsorientiert zu handeln. Durch die Reflexion auf Alternativen und Szenarien können wir eine Welt formen, die auf den Erkenntnissen der Vergangenheit aufbaut und für kommende Generationen nachhaltig und positiv ist.

Epilog:
Reflektionen über eine alternative Geschichte

Die faszinierende Geschichte von Atlantropa wirft einen Blick auf eine alternative Realität, die nie Wirklichkeit wurde, aber dennoch unser Denken und unsere Vorstellungen beeinflusst. Während wir uns von den Seiten dieser fiktiven Geschichte entfernen, laden uns die Reflexionen über Atlantropa ein, über die Potenziale und Herausforderungen der Menschheit nachzudenken.

Stellen wir uns vor, Atlantropa wäre tatsächlich umgesetzt worden. Die Welt, die wir heute kennen, könnte sich in vielerlei Hinsicht stark von derjenigen unterscheiden, die wir in unserer Geschichte erlebt haben. Neue Städte könnten an den Küsten entstanden sein, die Wirtschaftsstrukturen könnten anders geformt sein, und die kulturellen Einflüsse könnten eine ganz eigene Dynamik entwickelt haben. Die technologischen Fortschritte, die zur Realisierung dieses gigantischen Projekts erforderlich wären, könnten den Weg für eine Welt bereitet haben, in der Infrastruktur, Energieversorgung und Kommunikation auf eine völlig neue Ebene gehoben wurden.

Doch diese alternative Realität hätte auch ihre eigenen Herausforderungen mit sich gebracht. Die ökologischen Auswirkungen auf die Umwelt und das Klima wären unvermeidbar gewesen. Die politischen Spannungen und territorialen Ansprüche hätten diplomatische Bemühungen und internationale Zusammenarbeit erfordert.

Die ethischen Fragen des Eingriffs in die Natur und die Verantwortung für technologische Entwicklungen hätten eine kontinuierliche Debatte ausgelöst.

Was bedeutet dies für unsere gegenwärtige Realität? Die Reflexionen über Atlantropa laden uns ein, die Bedeutung von Nachhaltigkeit, Technologieethik und internationalem Zusammenhalt zu erkennen. Wir können aus den hypothetischen Lektionen lernen und versuchen, eine Welt zu gestalten, in der menschlicher Fortschritt im Einklang mit ethischen Prinzipien und ökologischer Verantwortung steht. Die Erkenntnisse aus der Atlantropa-Geschichte fordern uns dazu auf, unsere Entscheidungen und Handlungen sorgfältig abzuwägen, die langfristigen Auswirkungen zu bedenken und uns für eine kooperative und friedliche Welt einzusetzen.

Während Atlantropa in den Annalen der Geschichte eine hypothetische Fußnote bleibt, bietet uns seine Geschichte dennoch eine wertvolle Gelegenheit zur Selbstreflexion. Die "Was-wäre-wenn"-Frage erinnert uns daran, dass unsere Entscheidungen die Welt von morgen formen.

Die Lehren aus der Atlantropa-Geschichte helfen uns, den Weg zu einer Zukunft zu ebnen, die von Verantwortung, Zusammenarbeit und einem tiefen Verständnis für die Herausforderungen und Chancen geprägt ist, die vor uns liegen.

Kay Uwe Rott
Alte Tölzer Str. 7
D-82544 Deining

Self-Publishing

ISBN: 9798859021475
Imprint: Independently published